秒懂AI提问

让人工智能成为你的效率神器

第2版

秋叶　刘进新　定秋枫　江晓露

＿＿＿＿＿＿　著

人民邮电出版社

北　京

图书在版编目（CIP）数据

秒懂 AI 提问 ：让人工智能成为你的效率神器 / 秋叶
等著. -- 2 版. -- 北京 ：人民邮电出版社，2025.
ISBN 978-7-115-66969-8

Ⅰ．TP18

中国国家版本馆 CIP 数据核字第 202521WQ53 号

内 容 提 要

　　要想高效地利用 AI，关键在于我们如何提问。本书首先介绍提示词的
设计技巧，然后系统地介绍了 20 种向 AI 提问的有效方法，最后介绍提问
方法的组合运用以便解决复杂问题。

　　本书紧扣工作、学习和生活，在介绍提问方法时，通过对比让读者直
观感受不同提问方法的效果，并结合实例展示 AI 在不同场景下的应用，
让读者真正学以致用。

　　本书适合对 AI 感兴趣的各行业人士阅读。

◆　著　　　　秋　叶　刘进新　定秋枫　江晓露
　　责任编辑　马雪伶
　　责任印制　胡　南

◆　人民邮电出版社出版发行　　北京市丰台区成寿寺路 11 号
　　邮编　100164　电子邮件　315@ptpress.com.cn
　　网址　https://www.ptpress.com.cn
　　三河市中晟雅豪印务有限公司印刷

◆　开本：880×1230　1/32
　　印张：6.25　　　　　　　　　2025 年 8 月第 2 版
　　字数：150 千字　　　　　　　2025 年 8 月河北第 1 次印刷

定价：59.80 元

读者服务热线：(010)81055410　印装质量热线：(010)81055316
反盗版热线：(010)81055315

随着 AI 时代的到来，AI 已经成为个人和企业提升效率、解决问题的利器，AI 正以前所未有的方式改变我们的工作、学习与生活。

然而，许多人在使用 AI 大语言模型时，常常陷入生成结果答非所问、文不对题的困境。要充分发挥 AI 的潜力，提升使用其解决问题的效率与准确性，一个重要的前提便是掌握有效的提问方法。

提问，看似简单，实则是一门学问。它不是简单地向 AI 发出指令，而是代表深入思考和理解问题本质的过程。我们只有知道如何有效提问，才能更好地利用 AI 这一强大的工具，让它成为我们探索世界、解决问题的得力助手。

本书上一版自 2023 年上市以来，收到了很多读者的好评。大家表示应用书中介绍的提问方法，让重复的工作自动化，把复杂的事情简单化，用 AI 提升了自己的能力、拓宽了自己的知识面，把 AI 真正变成了提高学习和工作效率的神器。

随着 AI 技术的发展，新的 AI 平台和工具层出不穷。2025 年年初，DeepSeek 爆火，其"思维链交互模式"颠覆了传统 AI 对话逻辑。DeepSeek 不仅能理解多模态指令的潜在联系，而且擅长通过持续对话帮助用户厘清问题。我们应该适应 AI 的变化，不断学习，灵活调整提问策略，以更高效地解决问题。

在这样的背景下，我们对本书上一版进行了全面升级，按照由易到难的顺序编排学习提问方法的内容。我们依然注重提示词设计，加入了以 DeepSeek 为工具的内容，更换和新增了案例，并且通过对比进行解析，让读者直观感受常规提问和好的提问得到的结果的差距。

我们期待每一位读者都能通过阅读本书掌握向 AI 提问的精髓，让 AI 真正成为工作、学习和生活中的得力助手。

绪论

掌握提示词设计技巧，人人都能打造 AI 助手

第一部分

入门：常用的 4 种提问方法

1. 对话式提问：让沟通更加人性化 / 10

表达感谢 / 回应感谢 / 生成小说中的对话 / 生成客服问答手册

2. 关键词提问：让回答更具针对性 / 17

PPT 美化 / 职业发展建议 / 写诗 / 创作一幅画 / 关键词优化 / 信息分析

3. 指令式提问：确保得到更精准的答案 / 23

写活动策划案 / 写"种草"文案 / 写短视频脚本 / 制订工作计划 / 生成培训大纲

4. 角色扮演式提问：秒变专家的 AI 更睿智 / 31

生成食谱 / 新媒体选题策划 / 提升教学效果 / 商务谈判 / 心理疏导 / 游戏设计

第二部分

进阶：让 AI 帮你解决问题

5. 示例式提问：让 AI 快速理解你的需求 / 42

写小红书笔记标题 / 写口播脚本 / 信息反馈 / 生成商业计划书大纲 / 创意设计

6. 引导提问：激发 AI 的创造力 / 49

讨论 AI 对人类进化的影响 / 提高工作效率 / 让 AI 成为你的智囊团 / 职业生涯规划

7. 发散提问：让 AI 提供多种创意思路 / 59

技术价值探索 / 商业模式验证 / 创意金点子 / 拓展思路

8. 摘要提问：快速压缩长篇信息 / 64

图书内容概括 / 文字提炼 / 整理知识库 / 理解客户需求 / 理解领导要求

9. 归纳提问：对信息快速分组 / 71

团队管理 / 项目管理 / 分析学习效果 / 评估策略实施效果

10. 多项选择提问：快速决策，告别选择困难症 / 76

选择理财方式 / 选择减肥方法 / 产品推荐 / 趋势分析 / 试卷生成

11. 迭代式提问：让答案越来越对你的口味 / 83

旅游攻略 / 技术开发 / 客户服务 / 作品解读 / 制订工作计划 / 制订自学计划 / 生成营销方案

第三部分

精通：充分发挥 AI 的威力

12. 约束提问：精准获取所需内容 / 96

改写文案 / 写通知 / 项目管理 / 生成特定风格的作品

13. 对立提问：抵御攻击和偏见 / 102

自动驾驶隐患剖析 / 平台不足应对 / 思维与行为分析 / 制定谈判策略

14. 循环提问：让 AI 自动升级 / 110

写诗 / 设计品牌 logo / 教学内容优化 / 冲突解决

15. 信息整合提问：高效整合信息并解决问题 / 117

分析股票投资价值 / 旅游规划 / 观点分析

16. 复合型提问：多维度获取信息 / 128

评价电影 / 推荐酒店 / 学术研究或论文撰写

第四部分

高手：突破 AI 思维瓶颈

17. 批判提问：帮用户识别潜在风险 / 134

投资分析 / 信息验证 / 市场判断 / 识别潜在风险 / 避免片面决策 / 防止出现错误或误导性信息

18. 分裂式提问：让生成结果更加全面 / 141

新能源行业前景 / AI 对就业市场影响 / 市场营销策略 / 商业决策 / 社会热点分析 / 产品市场分析

19. 预言式提问：寻找问题和漏洞 / 150

产品开发 / 金融投资 / 内容审核 / 产品设计与优化 / 政策制定

20. 迁移提问：让 DeepSeek 跨领域学习 / 156

电商优化 / AI 训练 / 商业创新 / 科技研发 / 营销策略创新

第五部分

融会贯通：灵活组合，搞定复杂问题

1. 项目沟通：指令式提问 + 归纳提问 / 167

2. 产品研发：角色扮演式提问 + 引导提问 + 多项选择提问 / 169

3. 网店运营：关键词提问 + 分裂式提问 + 信息整合提问 / 172

4. 广告创意：示例式提问 + 发散提问 + 约束提问 / 174

5. 预测分析：对立提问 + 预言式提问 + 循环提问 / 179

6. 内容创作与优化：关键词提问 + 角色扮演式提问 + 信息整合提问 /182

7. 创新策略设计：发散提问 + 引导提问 + 关键词提问 / 184

8. 复杂项目管理：指令式提问 + 信息整合提问 + 循环提问 / 186

9. 市场调研与竞争分析：复合型提问 + 对立提问 + 迁移提问 / 190

掌握提示词设计技巧，人人都能打造 AI 助手

在未来五年，每个人都可能会拥有一个能够深入理解用户需求并使用自然语言跨应用程序完成任务的 AI 私人助手。

——穆斯塔法·苏莱曼

学生和职场人利用 AI 查找资料、梳理工作思路，可以节省大量时间；企业利用 AI 优化服务流程，可以提升运营效率；营销人员依靠 AI 快速生成创意文案，可以提升效率。AI 已经不仅仅是一个工具，更是辅助我们日常决策、创作和沟通的重要伙伴。那我们能否根据自己的个性化需求，创建属于自己的 AI 助手呢？当然可以。

无论是用来提升工作效率、实现创意输出，还是解决日常生活中的问题，好的提示词能够显著提升 AI 的表现。换句话说，提示词的设计水平，直接决定 AI 助手的能力上限。

一、什么是提示词

提示词（Prompt）在人工智能领域，特别是在与大型语言模型交互时，起着引导的作用。提问是主动获取信息或答案的行为，而提示词则是为了辅助或引导这一提问过程而提供的关键词、短语或句子。也就是说，我们要学会用 AI 能够理解的方式对话，让 AI 准确理解我们的意图，才能更好地引导 AI 给出我们想要的答案。

假设你想询问 AI 关于一部电影的评价，你的提问可能是："这部电影好看吗？"而为了更精确地引导 AI 回答，你可能会在提问中加入一些提示词，比如："请从剧情、演员表现和视觉效果三个方面评价这部电影。"

在这个例子中，"这部电影好看吗？"是提问，而"请从剧情、演员表现和视觉效果三个方面"则是提示词，它们共同构成了一个完整且具体的问题。

二、掌握提示词设计技巧的重要性

提示词会直接影响 AI 的理解与回答质量。掌握提示词设计技巧对提高沟通效率、减少误解、提高输出内容质量和实现个性化定制都具有重要意义。

✓ 提高沟通效率

就像点餐一样，使用恰当的提示词可以让我们与 AI 或其他人的沟通更加高效，无须进行多次确认，一次就能准确传达意图。

✓ 减少误解

模糊的提问往往容易导致误解。通过精心设计的提示词，我们可以避免这种情况，确保对方准确理解我们的需求。比如，在搜索引擎中输入"如何学习编程"，可能会得到很多泛泛而谈的结果；但如果改为"Python 编程入门教程"，就能直接地找到相关的学习资源。

✓ 提高输出内容质量

在与 AI 交互时，提示词的质量直接影响其输出内容的质量。清晰、具体的提示词能够激发 AI 的创造力，生成更符合我们期望的内容。比如，在让 AI 写诗时，给出"秋日黄昏，落叶纷飞"这样的提示词，AI 就更有可能生成一首具有秋日意境的诗。

✓ 实现个性化定制

通过调整提示词，我们可以实现个性化定制。无论是工作汇报、文章撰写还是创意设计，我们都可以通过精心设计的提示词来引导 AI 生成符合个人风格或特定要求的内容。

在实际应用中，使用提示词可以使提问更加清晰、具体和有效。提示词的好坏，不仅影响 AI 的理解力，还决定了其输出内容的准确性和有效性。

三、设计有效提示词的 5 个核心策略

在与 AI 对话时，精心设计提示词可以让 AI 更准确地理解任务并生成符合预期的结果。以下是设计有效提示词的核心策略，实际应用下面 5 个核心策略后，你可以显著提升 AI 的回复质量。

（1）明确目标：确定想要 AI 完成的任务。

设计提示词的首要步骤是明确目标，即清楚地知道自己希望 AI 完成什么样的任务，是希望 AI 提供信息、给出建议、生成内容，还是执行特定的命令。

示例

普通提示词："写一篇文章。" —— 目标模糊，AI 无法理解具体需求。

目标明确的提示词："写一篇关于绿色能源发展的文章，重点分析太阳能的优势和面临的挑战。" —— 明确了主题、方向和重点，使 AI 能更精准地生成内容。

（2）具体化指令：提供具体的任务描述，避免模糊不清。

在明确任务后，指令应尽可能详细和具体，以便 AI 能够清楚地理解你的需求。具体的描述内容包括任务的范围、重点、格式、风格等信息，帮助 AI 准确地执行任务。

示例

普通提示词："总结一下这份报告。" —— 缺乏明确性，AI 可能不知道该总结哪些内容。

具体化的提示词："请总结这份报告的结论部分，突出其中数据分析的部分，表达简洁。" —— 通过明确要求，AI 能够聚焦于重要内容并输出符合预期的内容。

（3）分步设计：将复杂任务拆分为简单步骤，让 AI 逐步完成。

分步设计的方法是指面对复杂的任务时，将其拆分为若干简单的步骤。分步设计的方法不仅让 AI 更容易理解任务，还能帮助你更好地控制任务的进展。通过一步步引导，AI 可以在每个步骤中更准确地完成相应的子任务，进而保证完成整个任务的质量。

示例

普通提示词："生成一份公司年度报告。" —— 任务复杂且笼统，AI 很难一次性完成。

分步设计的提示词："请列出公司 2024 年的主要财务数据，包括收入、支出和净利润。"

"根据列出的数据，撰写财务分析部分，讨论主要的财务趋势和变化。"

"综合前两部分，撰写年度报告的总结段落。"

通过逐步拆解任务，AI 可以逐步完成每个部分，从而最终生成一份完整且准确的年度报告。

（4）提供参考文本：用参考文本提升 AI 输出内容的准确性和一致性。

为 AI 提供参考文本，能够帮助它更好地理解你对内容风格、结构和深度的要求。这种方法特别适用于完成创意类任务，如写作或生成内容，通过参考文本，AI 能更加准确地输出风格相似的内容。

示例

普通提示："写一封产品推广邮件。" —— 没有参考，AI

可能无法理解你想要的语气和风格。

参考文本提示词： "请根据以下参考文本，写一封产品推广邮件。参考邮件内容如下：欢迎体验我们最新的智能家居产品，这款产品能够……"

（5）调整和优化：通过测试和反馈，不断改进提示词。

提示词设计是一个持续优化的过程，即使是经验丰富的用户，也很难一次性设计出完美的提示词。通过与 AI 的多次对话，你可以观察 AI 的回应并根据需要进行调整和优化。不断测试、分析 AI 的输出内容，并针对出现的问题微调，可以让你的提示词逐渐趋于完善，进而让 AI 的回复更加符合预期。

示例

普通提示词： "解释这段文本的含义。"——可能 AI 解释内容不够深入，缺少具体分析。

调整和优化后的提示词： "请详细解释这段文本的含义，特别是其中提到的关键术语，并举例说明应用场景。"

通过明确目标、具体化指令、分步设计、提供参考文本、调整和优化，你将设计出有效的提示词，让 AI 在完成各类任务中发挥出最佳水平。

四、借助提示词框架定制你的 AI 助手

在提示词设计中，将不同类型的提问方法组合运用，可以设计出不同的提示词，显著提升 AI 的表现。无论是获取信息、执行任务，还是输出创意，好的提示词能够帮助你更高效地与 AI 互动。

有没有可能用一个框架，解决生活中的大部分问题？当然有。

可以用结构化的模板帮助 AI 按照指定的框架完成任务，这种方法特别适用于需要执行系统性或结构化输出的任务，如角色描述、计划制订或报告撰写。提示词框架由角色、目标、背景、技能和要求 5 个部分组成。

模板

请按照以下框架撰写 [文档类型]。

角色：[明确 AI 在此任务中所扮演的角色，如项目经理、市场分析师]。

目标：[明确 AI 需要达成的核心目标，如有必要，列出一些辅助性的目标，以辅助任务的完成]。

背景：[提供与任务相关的背景，帮助 AI 更好地理解情境，列出任务执行前需要满足的条件或已知事实]。

技能：[明确执行任务时必须具备的能力或知识]。

要求：[明确标准、风格、质量、格式等要求]。

例：撰写市场分析报告

❓ 请按照以下框架撰写一份市场分析报告。

角色：市场分析师。

目标：撰写一份全面、准确的市场分析报告，提供可行的市场策略。

背景：公司计划拓展新市场，需要了解当前市场竞争态势和消费者需求，已收集到一定量的市场数据和信息。

技能：熟练掌握市场分析方法和工具，具备良好的数据分析能力。

要求：报告内容需真实可靠，分析深入，建议需具有可行性，结构清晰、逻辑严谨。

通过运用提示词框架，你可以有效地引导 AI 完成各种类型的任务，让 AI 真正成为你的得力助手。

第一部分

入门：
常用的 4 种提问方法

1. 对话式提问：
让沟通更加人性化

如果领导在微信上给你发来三个字："辛苦了"，这时你应该怎么回复？

与其苦思冥想，不如用对话式提问让 AI 帮你生成回复内容，你从中选择一句回复领导。

你是不是打算这样向 AI 提问：

❓ 领导说"辛苦了"，要怎么回复？

....

A 当领导说"辛苦了"时，你可以根据具体情况和你与领导的关系来选择不同的回复方式。以下是一些常见的回复选项。

客气回应：

"没事的，应该的。"

"不辛苦，这是我的工作。"

"谢谢领导关心，我会继续努力的。"

轻松回应（如果你和领导关系比较亲近）：

"还好，有挑战也有收获。"

"辛苦了点，但是值得。"

表达感激：

"谢谢领导，您的支持让我更有动力。"

"领导的认可是我最大的动力。"

总之，选择回复选项时，要考虑到场合的正式程度、你与领导的关系以及你想要传达的信息。回复应保持礼貌和专业，展现出你的积极态度和对工作的热忱。

此时 AI 生成的回复很多，但缺乏针对性，这是因为你在给 AI 的指令中缺少对话的具体场景和上下文等信息。

在使用对话式提问时，你提供的信息越详细，AI 生成的回复的质量会越高。例如：

具体场景

❓ 和团队一起加班完成工作后，领导对我说"辛苦了"，我该怎么回复？要有礼貌，内容简洁明了，同时表达感谢。

🅰 在和团队一起加班后，若领导说"辛苦了"，可以这样回复：

"谢谢领导！能顺利完成离不开团队配合，大家都很拼！"

→ 礼貌感谢（"谢谢领导"），提及团队贡献（"离不开团队配合"），传递积极态度（"大家都很拼"），既得体又不刻意。

其他备选（根据场景微调）：

1. "应该的！这次大家配合得很默契，辛苦也值得！"

→ 强调团队协作的高效与成果价值。

2. "不客气，团队都很给力！感谢您的支持！"

→ 弱化个人，突出团队和领导的支持。

核心逻辑：用一两句话"感谢领导认可 + 说明团队功劳 + 积极收尾"，不赘述细节，保持职场分寸感。

（以上内容由 DeepSeek-R1 生成）

> **对话式提问**是给 AI 提供对话的背景及上下文信息，让 AI 在对话情境中协助我们找到恰当的回复。

在使用对话式提问时，为了确保对话的准确性，我们可以向 AI 提供以下信息。

✅ 对话主题

希望 AI 生成对话的主题是什么，例如旅游、科技、文化等。

✅ 对话角色

对话参与者的身份是什么，对话参与者之间有怎样的关系。

✅ 对话场景

对话在怎样的场景中展开。

✅ 对话目的

对话想要达成什么样的结果。

✅ 对话语境

提供对话的上下文，使 AI 能够生成连贯的对话。

✅ 语言风格

希望生成的对话采用何种语言风格，例如正式、轻松、幽默等。

✅ 对话长度

需要生成多长的对话内容。

实际使用时，我们不需要把所有信息都写出来，但要做到心中有数，以便随时调整和优化提问，从而获得满意的回复。

来看几个不同场景下对话式提问的使用案例。

例：表达感谢

Before

常规提问

❓ 对同事的帮助，如何表达感谢？

After

对话式提问

❓ 同事在我遇到技术难题时给予了很大帮助，我要怎么说才能表达感谢，同时增加未来合作的可能性？

例：回应感谢

常规提问

❓ 客户对我表达感谢，我该怎么回应？

对话式提问

❓ 客户对我的服务表示感谢，并提到会推荐我们公司给其他人，我应该如何回应以加深与客户的关系？

应用案例

一、小说创作：真实对话使读者身临其境

在创作小说时，作者往往需要考虑：角色什么时候说话、说什么，如何设计不同性格的角色的台词……当我们不知从何下笔或遇到创作瓶颈时，不妨借助 AI 生成对话，让角色之间的对话更具真实性，更符合其个性特征。

❓ 请帮我写一段小说中的对话。

对话角色：森林猎人小帅，会说话的野兔。

对话场景：小帅在森林里打猎，看到一只野兔，即将扣动扳机时，野兔开口说话了。

对话目的：野兔最终说服小帅放下猎枪。

🅰 **晨雾中的对话**

（松针簌簌落下，野兔的耳尖正在晨光中颤动。小帅的食指刚触到扳机，猎物突然转动血红的眼珠直视他。）

野兔（后腿直立）："你确定要浪费最后一颗霰弹吗？北坡陷阱里那只

剥了皮的兔子，昨晚就该发臭了吧？"

小帅（枪管微晃）："见鬼……这年头连畜生都成精了？"

野兔（前爪拍打结霜的蘑菇）："我是被女巫诅咒的守林人——在你爷爷用熊油治冻疮的年代，这片冷杉林还听得懂人类的笑声。"它的门牙忽然崩落，滚到猎人靴边化作两枚生锈的铜哨。

小帅（后退半步）："装神弄鬼！"

野兔（抖落皮毛里的冰碴）："你怀里那张当票写着'祖传猎枪'，药铺老板却在等咯血的猎户——何必呢？东南坡崖柏下有七株血茸，够换你妹妹整个冬天喝的羊奶。"

扳机弹簧发出濒死的呻吟。野兔突然撞向最近的云杉，树冠上的积雪轰然坍落，露出树皮上的三道抓痕——正是小帅父亲失踪那年留下的标记。

野兔（声音渗进风里）："当年他追杀的白狼，此刻正在你背后的断崖产崽。"冰层下传来幼兽的呜咽。

猎枪坠入雪地的闷响惊飞了寒鸦。当小帅再次抬头，野兔正蹲在二十步外的树桩上啃食冰凌，仿佛刚才的对话只是耳鸣的错觉。它消失前踢翻了冻土，露出底下闪着幽光的鹿齿项链——正是父亲进山必戴的护身符。

（多年后，当小帅成为草药贩子，总会在进山时往老云杉下撒把盐。偶尔能看见戴着铜哨的灰兔蹲在崖边，爪下按着新鲜的狼毒花根须。）

（以上内容由 DeepSeek-R1 生成）

可以看到，AI 不仅生成了对话，还帮助我们塑造角色形象、构思故事。

二、客户服务和咨询：模拟对话生成问答手册

客服通常需要与客户进行对话，了解客户的需求，从而为客户解

决问题，并提供相应的支持。我们不妨让 AI 生成一份常见问题问答手册。

❓ 我是书店的客服，准备编写《书店客服常见问题问答手册》，请整理客户与客服之间常见的对话内容。

🅰 以下是《书店客服常见问题问答手册》的常见对话场景分类及应答建议，涵盖线上线下全渠道服务场景。

一、购书咨询类

1. 库存查询

客户："请问《百年孤独》精装版现在有货吗？"

客服："系统显示总店库存 3 本，您可登录小程序点击【门店库存】查看附近分店实时库存，需要帮您锁定一本吗？"

2. 价格咨询

客户："线上显示满 100 元减 20 元，在线下能享受这项优惠吗？"

客服："线上线下优惠同步中！您在线上下单的可选择【到店自提】，或在线下结账时出示会员码，可自动抵扣。"

3. 版本比对

客户："译林出版社和人民文学出版社出版的《小王子》有什么区别？"

客服："译林版保留法语原版插图，人文版新增名家导读。建议您点击商品详情页【版本对比】查看内页样张。"

二、订单问题类

1. 订单追踪

客户："三天前下单的书怎么还没发货？"

客服："您的订单（20240815001）已进入【拣货质检】环节，预计……"

2. 配送异常

客户："快递显示签收但没收到包裹！"

客服："已联系物流公司核实，可能是驿站代收。建议您……"

3. 退换申请

客户："收到的书有折角，能换货吗？"

客服："非常抱歉！请您拍摄书脊……"

三、会员服务类

1. 积分兑换

客户："会员积分能当钱用吗？"

客服："每100积分可抵扣1元，在结账时选择……"

2. 权益咨询

客户："白金会员有什么特殊福利？"

客服："白金会员享每月1次【免邮日】、新书预售……"

四、活动咨询类

…………

（以上内容由 DeepSeek-R1 生成，内容有删改）

注意

1. DeepSeek 已经突破传统 AI 在情感表达方面的局限，能够精准地感知和表达情绪，生成的对话内容更加契合人类的真实情感和实际需求。

2. 对于 DeepSeek 提供的信息，尤其是数据信息，读者仍需保持审慎的态度，注意核实其真伪。

2. 关键词提问：
让回答更具针对性

请试着代入一下这个场景，领导说要开展一个新项目，让你来负责。你如果不知道从哪里入手，会怎么问领导？

提问一： 领导，这个项目我没接触过，该咋做呢？

领导听你这么问，估计不会给你明确的回答，甚至会认为你不想负责这个项目。

提问二： 领导，为了完成这个项目，我应该先分析市场需求还是先制订预算计划？

如果这么问，领导就会为你明确接下来工作的重点方向，甚至还会给你增加人手，从而让你顺利完成这个项目。

很显然，在这个场景里，提问二抓住了提问的关键点，"分析市场需求"和"制订预算计划"是两个非常明确的关键词，有了这两个关键词，领导才能给你提供建议和指导。

其实在这个场景里，你可以将领导看作是 AI，而你作为提问者，只有掌握了关键词提问的技巧，才能获得想要的答案。

> **关键词提问**是指将关键词放在问题或指令中，帮助 AI 更准确地理解问题，让答案更具针对性。
>
> 好的关键词提问通常是**清晰、具体、明确的**，可以让 AI 准确理解你的问题，同时也能精准地回答你的问题。

那么，如何通过关键词来进行提问呢？以下是一些具体的技巧。

✅ 确定问题核心

首先，思考一下问题的核心是什么。好的关键词通常可以直接反映问题的主要内容。

假设你询问如何让网站留住用户，问题核心就是"用户留存率"。所以你可以提问："如何提高电商网站的用户留存率？"这个问题清楚地指出了你的重点——用户留存率。

✅ 使用专业术语

如果适用，请使用相关领域的专业术语。这可以提高问题的准确性，让回答更具针对性。

比如，在搜索引擎优化（SEO）领域，假设你想知道如何提高某个网页的排名，直接问："如何优化长尾关键词以提高网页排名？"使用

"长尾关键词"这一专业术语可以帮助你获得更专业的回答。

✓ **结合具体情景**

尽量将关键词与具体的情景、案例或背景相结合，以便 AI 更好地理解问题。

如果你是一家餐厅的老板，想提升顾客满意度，你可以问："在高档餐厅中，如何通过个性化服务来提升顾客满意度？" 这里的关键词"高档餐厅"和"个性化服务"明确了具体的情境。

来看几个不同场景下关键词提问的使用案例。

例：PPT 美化

Before
关键词模糊

❓ 如何让 PPT 更好看？

After
关键词具体

❓ 如何让 PPT 的排版视觉效果更好看？

例：职业发展建议

Before
关键词模糊

❓ 如何赚到第一桶金？

After
关键词具体

❓ 新媒体编辑如何在三年内月入过万元？

例：写诗

Before
关键词模糊

❓ 帮我写一首关于春天的诗。

After
关键词具体

❓ 模拟王维的风格，帮我写一首关于春天的诗。

例：创作一幅画

Before **关键词模糊**

> ❓ 帮我画一幅向日葵油画。

After **关键词具体**

> ❓ 帮我模仿凡·高的风格，画一幅向日葵油画。

应用案例

一、搜索引擎优化：让 AI 优化网站关键词

借助 AI 分析热门关键词并针对这些关键词优化网站内容，可以提高网站在搜索引擎中的排名。

> ❓ 我们是一家专注于职场技能提升的在线教育公司，现在需要通过优化关键词来提高公司在搜索引擎中的排名，请帮我罗列 10 个时下热门的职场关键词。
>
> ----------
>
> 🅰️ 以下是 10 个时下热门的职场关键词，可用于提高搜索引擎排名。
>
> **1.** AI 技能提升：随着 AI 的广泛应用，掌握 AI 相关技能成为职场人提升竞争力的重要方向。
>
> **2.** 混合用工：企业采用灵活就业人员与固定员工相结合的模式，提供更灵活的工作选择。
>
> **3.** "大厂"平替：职场人不再只关注"大厂"，具有竞争力的中小企业成为新选择。
>
> **4.** 打工人 3.0：具备专业技能、数字化思维和创新能力的新一代职场人。
>
> **5.** 第二曲线：中年职场人寻找新的职业发展方向，以突破职业瓶颈。
>
> **6.** 激活与协同：企业通过打破部门壁垒、构建协同网络，激发员工的内在动力。

7. 降本增效：企业通过优化管理流程、提高效率来降低成本，职场人需适应更严格的绩效评估。

8. 新质生产力：以创新为主导的先进生产力，推动职场生态变革。

9. 灵活就业：通过项目制、兼职、远程办公等方式实现多样化的工作模式。

10. 松弛感：职场人追求在快节奏工作中保持放松和自在的状态。

这些关键词反映了当前职场的热门趋势和职场人关注的焦点，可用于优化公司网站内容，提升在搜索引擎中的排名。

（以上内容由 Kimi 生成）

二、数据挖掘：让 AI 快速分析关键信息

在数据挖掘中，使用关键词提问，分析师可以快速定位需要分析的数据、筛选关键信息。例如，在下面几个分析场景中，分析师只需将数据和信息发给 AI，再通过关键词提问给出指令。

市场分析（关键词：市场份额、用户偏好、竞争对手）

❓请根据我发给你的数据，从以下三个方面进行分析。

（1）请分析当前季度我们产品的市场份额，并与上一季度比较。

（2）用户偏好在哪些方面发生了变化？

（3）竞争对手 A 的市场份额增长对我们有何影响？

客户行为分析（关键词：购买频率、购买行为、流失率）

❓（1）本月的购买频率与上个月相比有何变化？

（2）请识别出高价值客户群体，并分析他们的购买行为。

（3）流失率在过去三个月内有何趋势？请列出主要原因。

产品性能分析（关键词：故障率、用户反馈、性能优化）

❓（1）产品 A 的故障率在过去一年内呈现何种趋势？

（2）用户对产品 B 的性能有哪些正面和负面反馈？

（3）基于当前数据，我们应该如何优化产品 C 的性能？

注意

1. 关键词越抽象，AI 的理解就越不准确，越容易造成歧义或多重解读。关键词越清晰、越具体，得到的回答内容越容易达到预期。

2. 使用关键词提问时，提问者应对相关领域有一定的了解，需要提前梳理出明确的核心词汇或短语。

3. 指令式提问：
确保得到更精准的答案

想要驾驭 AI，就要掌握与 AI 对话的技巧。从某种角度来看，和 AI 对话，就像给下属布置任务一样。同样的任务，同样的下属，会布置任务的领导总是更容易带领下属完成任务。

来看这样一个案例。领导需要制定一个宣传方案，下达了如下任务。假如你是下属，你更可能完成哪个领导布置的任务？

普通的领导　我们最近要和 ××× 品牌合作，需要出一个宣传方案，你来做一下，后天给我。

优秀的领导　最近 ××× 品牌要与我们合作。马上到五一劳动节，他们想让我们围绕这个节日和新产品，出一个节日宣传方案，以提高这款新产品的销量。

这次活动主要面向 25~35 岁的女性人群，活动方案要求包含节日三天的每日宣传安排。方案用 PPT 呈现，不要超过 10 页。

周五下午 6 点前将方案给我。

优秀的领导布置的任务更容易完成，因为优秀的领导给出的信息完整，要求清晰。领导布置的任务应让下属看了就知道工作任务是什么，否则下属就得花费大量时间和领导确认方案的具体要求。

在向 AI 提问时，给出的指令越清晰和具体，得到的结果越接近自己的期望。

指令式提问，就是提问者限定问题范围以及对回答的要求，通过精确、具体的指令引导 AI 生成符合预期的、更具针对性的回答。

什么样的指令才是好的指令呢？以下四大原则供大家参考。

✓ 结构清晰

下达指令前，可以借助一些经典的结构（比如常用的 5W），让自己的表达更有逻辑、更顺畅，从而给出清晰的指令。

✓ 重点突出

清晰地表达需求，但这可能会导致指令比较复杂。指令复杂，不利于 AI 理解提问者的需求，这时可以通过换行，突出每一条重要的指令。

✓ 语言简练

多用短句，少用长句，使信息精简。

✓ 易于理解

尽量使用表示量化或具体场景的词汇，尤其是在表达期望达到某一种效果的时候。比如当希望控制篇幅时，比起"篇幅不要太长"，明确给出"控制在 300 字以内"更容易让 AI 理解。

了解了以上原则后，我们会发现掌握一些常用的结构化提问思路，是用好指令式提问的关键。接下来我们就结合实际场景，来领略指令式提问的魅力。

参考结构：5W

英文单词	中文解释	提问启发
Why	何故	做这件事的原因是什么
What	何事	具体是什么事
Who	何人	这件事有哪些人参与或者服务于谁
When	何时	这件事什么时候做或者何时截止
Where	何地	在哪里做这件事

例：写营销活动策划案

小李在一家广告公司做策划。最近公司和七七牙刷品牌合作，需要小李为对方撰写针对中秋节的营销活动策划案，来增加新品的销量。

Before **不清晰的指令**

❓ 我们最近要和七七牙刷品牌合作，请你帮我为这款牙刷写一个中秋节的营销活动策划案。

After **清晰的指令**

❓ （Why）最近我们要和七七牙刷品牌合作，马上就是中秋节，我们要出一个营销活动策划案。

（Where）这个营销活动会在线上平台进行，主要在对方的自营店铺宣传。

（What）需要你帮我写一个营销活动策划案。这个营销活动策划案要包含中秋节在内的3天的活动主题以及宣传方案细节。

（Who）活动主要针对25~35岁的职场白领，主要卖点为出差携带方便、刷头替换方便以及充电一次可以用一个月。

（When）策划案需要在8月30日下午6点前提交。

例：朋友圈"种草"文案撰写

Before **不清晰的指令**

❓ 我想在朋友圈中向朋友推荐一款法国波尔多地区的红酒，请帮我写个朋友圈"种草"文案。

After **清晰的指令**

❓ 我想在朋友圈中向朋友推荐一款红酒，要求用"发现—体验—回味"结构，帮我写一个号召用户购买这款红酒的朋友圈"种草"文案。

例：创作短视频脚本

Before **不清晰的指令**

❓ 帮我写一个家庭教育方面的短视频脚本。

After **清晰的指令**

❓ 帮我创作一个吸引人的短视频脚本，要求如下。

1. 视频主题：关于家庭教育，如何激发孩子的自驱力。

2. 目标受众：3~15岁孩子的父母。脚本要能让他们意识到催促和吼叫不能解决孩子拖拉磨蹭的问题，以及让他们了解如何正确激发孩子的自驱力。

3. 视频时长：1分钟。

一、职场工作：让 AI 协助制订工作计划

明确了工作目标和现状，自己制订工作计划时却总觉得思路受限？不妨考虑让 AI 帮你出谋划策。推荐运用 SCQA 模型来梳理思路，给 AI 更清晰的指令。

参考结构：SCQA 模型

简要解释	提问启发
Situation（情景）：事情发生的背景	任务背景是什么
Complication（冲突）：理想与现实的差距	有什么素材或信息
Question（疑问）：当前要解决的问题或要完成的任务	现在要完成什么任务
Answer（回答）：提供的解决方案	有哪些参考案例

❓（任务背景）我们要制订第二季度的工作计划，需要你根据以下信息，帮助我们拆解任务目标，制订详细的行动计划。

（已有素材）目前公司主要销售的产品是价值 999 元 / 人的课程，有一万名老客户。

（当前任务）我们的任务是第二季度销售业绩达到 500 万元。请你根据我们公司的现状制定几套可选择的方案，帮助我们完成任务。

（参考案例）每套方案需附有参考案例。

为了完成第二季度 500 万元的销售业绩目标，我们可以从老客户激活、新客户获取、课程套餐优化、营销活动策划以及销售团队建设等几个方面入手，制定以下几套可选择的方案，并附上参考案例。

方案一：老客户复购与推荐计划

目标：利用现有的一万名老客户基础，通过提升复购率和引导其推荐新客户，实现至少 20% 的销售额增长。

执行方案

1. 复购优惠：设计针对老客户的专属优惠套餐，如"老带新"成功可享受课程折扣或获得额外的学习资源。

2. 成功案例分享：通过邮件、短信或社交媒体分享老客户学习成果，增强信任感，激发复购意愿。

3. 推荐奖励机制：设立推荐奖励计划，老客户推荐来的新学员成功报名后，可获得返还现金、课程抵扣券或高级课程体验资格等福利。

参考案例：某在线教育平台推出"学友助力计划"，老学员每推荐一位新学员报名，双方均可获得 100 元课程抵扣券，活动期间成功推荐率提升至 30%，复购率增长至 15%。

方案二：新客户精准营销

目标：通过多渠道精准营销，吸引至少 2000 名新客户，贡献约 30% 的销售额。

执行方案

1. 社交媒体广告：利用大数据分析，针对潜在目标客户在抖音、微信、微博等平台精准投放广告。

2. 内容营销：制作高质量的教育内容（如直播课、短视频、博客文章），通过 SEO 和社交媒体传播，吸引潜在客户转化为学员。

....

综上所述，综合运用老客户复购与推荐、新客户精准营销、课程套餐优化与升级以及销售团队培训与激励等策略，可以有效提升销售业绩，助力公司达成第二季度 500 万元的销售目标。

（以上内容由文心一言生成，内容有删改）

二、培训教学：一键生成培训大纲

指令式提问因为信息明确，非常适用于教育行业中的一些培训场景，比如帮助讲师撰写培训大纲、培训教案等。

讲师明确培训主题后，可以借助黄金三点法（是什么—为什么—怎么做）向 AI 提问，快速得到一份合格的培训大纲。

❓（是什么）你是一位培训讲师，现在要面向企业进行一场以"直播带货"为主题的培训。

（为什么）培训目的如下：

1. 让企业员工意识到直播带货的重要性；

2. 让企业员工能够进行直播，掌握基本的直播技巧。

（怎么做）培训大纲需要满足以下 3 点要求：

1. 培训时间为 2 天，培训大纲需要结合时间来设计；

2. 培训大纲需要细化到 2 级标题，包含培训的具体内容；

3. 培训大纲要包含带领学员实操的环节和时间。

🅰️ **"直播带货"主题企业培训大纲**

第一天：理论构建与技能基础

上午场：直播带货的宏观认知

- 09:00—09:29 开场与破冰
    - o 自我介绍与培训目标阐述
    - o 学员分组，团队文化建设
- 09:30—10:29 直播带货的兴起与影响力
    - o 直播电商的市场现状与趋势分析
    - o 直播带货对企业战略的价值
    - o 国内外成功案例分享与剖析
- 10:30—10:45 茶歇
....

这个培训大纲的课程内容包括直播平台深度解析、直播策划与脚本编写、数据分析与效果评估等，同时设置了适当的互动和实操环节，以确保学员能够全面而深入地掌握直播带货的知识与技能。

（以上内容由文心一言生成，内容有删改）

注意

1. 指令越清晰、越具体，AI 的回答越精准。

2. 想要进行高质量的指令式提问，可以多积累好的提问结构，帮助自己梳理真实需求，从而进行更清晰的表达。

3. 在工作中遇到不明确写作结构的情况，比如撰写会议记录、公文等，可以让 AI 提供写作框架，再让 AI 用这个框架生成相应的内容。

4. 角色扮演式提问：
秒变专家的 AI 更睿智

试想一下：我们在遇到问题或者想要学习某一个领域的知识时，会更倾向于询问完全没有经验的新手，还是有丰富经验的专家？

比如，当想找人帮自己制订一个健身计划时，你会找下面哪个人？

A. 大学生

B. 健身教练

相信大多数人都会选择有相关经验的健身教练。

如果说指令式提问适用于很了解自己需求的专业用户，那么使用角色扮演式提问能让 AI 变成专家。

角色的设定会大大提升 AI 回复的质量，神奇吧？

或许有些人会有疑问，给 AI 赋予专家身份，AI 就真的能成为专家吗？

AI 拥有强大的数据库，当用户在跟 AI 对话时，用户发出的每一次指令，其实都是在调用 AI 数据库中的信息。用户发出的指令越明确，AI 调用的信息越精准。

> **角色扮演式提问**是让用户通过指令赋予 AI 特定身份，帮助 AI 匹配更符合该身份的数据库信息。

因此，如果想要 AI 更好地完成一项特定任务，可以先赋予它专家身份。

在使用角色扮演式提问时，提问者需要明确 AI 需要扮演的角色，并清晰地表达。提问者可以使用一些句式帮助 AI 理解它将要扮演的角色，例如：

想让你扮演一名 ××××；

假设你是 ××××；

请你担任 ××××；

你是一位 ××××。

来看看下面的案例。

例：生成食谱

Before **未赋予身份**

❓ 请帮我设计一份素食食谱。

After **赋予身份**

❓ 你是一位营养师，请帮我设计一份素食食谱。

例：新媒体选题策划

Before **未赋予身份**

❓ 最近 AI 应用很火，请你给我提供 10 个与之相关的新媒体文章选题。

After **赋予身份**

❓ 你是一位资深的新媒体文案创作者，最近 AI 应用很火，请你给我提供 10 个与之相关的新媒体文章选题。

一、课堂教学：用 AI 帮助老师提升教学效果

老师使用角色扮演式提问，不仅能够发现学生的学习难点，还可以进一步找到解决这些难点的方案。

让 AI 给出学生在学习时可能会遇到的难点，老师可以针对学生可能会遇到的难点进行备课，达到更好的教学效果。看看下面给出的角色扮演式提问示例。

第一步，让 AI 扮演学生，指出学习难点。

> ❓ 我想让你扮演一名大一的学生。我会告诉你我要教授的课程内容，你来告诉我作为学生的你可能会遇到的难点，可以吗？

> Ⓐ 当然可以，我很乐意扮演一名大一的学生来探讨你将要教授的课程内容。请告诉我你计划教授的课程内容，这样我可以更具体地提出可能会遇到的难点和疑问。

> ❓ 我是一名教授传播学的大学老师，即将给你讲解"拉斯韦尔模式"，你在学习的过程中可能遇到哪些难点？

> Ⓐ 作为学习传播学的大一学生，在接触"拉斯韦尔模式"时，我可能会遇到以下几个难点。
>
> **一、理论理解上的难点**
>
> **1.** 概念理解：拉斯韦尔模式，也称为"5W 模式"，即谁（Who）、说什么（Says What）、通过什么渠道（In Which Channel）、对谁

（To Whom）、取得什么效果（With What Effect）。初次接触时，我可能会对这些概念的具体含义和相互之间的关系感到困惑，尤其是如何将这些抽象的概念与实际传播过程相结合。

2. 模式局限性的认识：拉斯韦尔模式虽然为传播学提供了基础的分析框架，但它也存在一些局限性，如直线性和孤立性等。我可能会难以理解这些局限性对现代传播学研究的意义，以及如何在实践中克服这些局限性。

二、应用实践中的难点

1. 案例分析：将拉斯韦尔模式应用于具体案例分析时，我可能会遇到如何准确识别……

2. 跨学科知识的融合：拉斯韦尔模式涉及传播学、社会学……

三、学习方法和资源获取的难点

…………

（以上内容由文心一言生成，内容有删改）

第二步，让 AI 扮演老师，针对学习难点给出解决方案。

❓ 假设你是一名教授传播学的大学老师，我是一名学生，你即将给我讲解"拉斯韦尔模式"。我会告诉你我遇到的问题，请你帮我解答，可以吗？

🅰️ 当然可以，很高兴扮演一名教授传播学的大学老师，并为你讲解"拉斯韦尔模式"。这个模式在传播学领域是基础且重要的一个概念，它为我们理解传播过程提供了一个清晰的框架。现在，让我们开始吧。

❓ 我很难理解这个理论模型，拉斯韦尔模式的五个要素对我来说可能过于抽象和理论化，你是否能举一个具体的案例帮助我理解呢?

当然,我很乐意通过具体案例来帮助你理解拉斯韦尔模式。拉斯韦尔模式,也被称为 5W 模式,是传播学中的一个经典理论模型……下面,我将结合一个具体的案例来逐一解析这五个要素。

案例: 新闻发布会的传播过程

1. 谁(Who)

在这个案例中,"谁"指的是新闻发布会的组织者或发言人,通常是政府机构、企业、社会组织等。它们作为信息的传播者,拥有特定的信息源和发布权。

2. 说什么(Says What)

"说什么"指的是传播者所要传递的信息内容。在新闻发布会上,发言人通常会发布重要的政策、产品信息、事件进展等。这些信息是受众关注的焦点,也是传播活动的核心。

....

（以上内容由文心一言生成,内容有删改）

二、商务谈判: 让 AI 成为你的谈判专家

我想让你扮演一位商务谈判专家,我和你进行商务谈判,你的目的是尽量达成合作。我会向你提出我针对合作的一些疑惑以及顾虑,你用商务谈判技巧说服我合作。明白吗?

当然,我完全明白。很高兴有机会与您进行这次商务谈判。让我们开始吧,您有什么疑惑或顾虑,请尽管提出来,我会尽我所能来解答,并争取达成双方满意的合作。

❓ 你说你们的产品质量是市面上最好的，但是我认为产品价格太高了，即便批量采购，成本还是很高。你们的产品性价比好像不太高。

🅰 您说得没错，成本确实是考虑的重要因素。不过，您也知道，质量是产品的生命线，我们投入了大量的研发成本来确保产品的高质量。而且，我们的产品在耐用性和其他性能上都有出色的表现，长期来看，能为您节省不少维修和更换的成本。

关于价格，考虑到我们的合作关系，我可以向总部申请一下，看看能不能给您一个更优惠的批量采购价格。同时，我们也可以探讨一下其他的合作方式，比如合作开发定制款产品，这样既能满足您的需求，又能确保性价比合适。

（以上内容由文心一言生成）

三、心理疏导：让 AI 帮你排解心中的烦恼

当你感到烦恼，又不能和朋友或家人倾诉时，不妨试试用 AI，让 AI 扮演心理咨询师，帮你解决问题。

❓ 请你扮演一位心理咨询师，和我聊天，帮我解决一些烦恼。可以吗？

🅰 当然可以，我很高兴能作为心理咨询师与你交流，并尝试帮助你解决一些烦恼。请随时告诉我你正在面临的具体问题或困扰，我们可以一起探讨并寻找合适的解决方案。每当你想说的时候，我都在这里聆听。现在，你愿意告诉我是什么让你感到烦恼吗？

（温馨提示：所有对话内容仅属于我们两个人，就像锁在树洞里的秘密）

❓ 我最近工作压力非常大，完不成业绩目标，总是担心自己会被裁员，领导也不认可我，这导致我经常睡不好。

🅰️ 我很理解你目前的处境，工作压力大、担心业绩和裁员问题，以及领导的不认可，这些都是非常具有挑战性的压力源，它们确实会对你的睡眠和整体情绪产生负面影响。以下是一些建议，希望能帮助你应对这些挑战。

1. **明确问题**：首先，尝试将你的担忧具体化。是哪些具体的业绩指标让你感到压力大？你认为领导不认可你的哪些方面？明确问题有助于你更有针对性地寻找解决方案。

2. **制订计划**：针对业绩目标，制订一个实际可行的计划。将大目标分解为小目标，并为每个小目标设定截止日期。这样，你可以更容易地跟踪进度，并在完成每个小目标时获得成就感。

3. **主动沟通**：与领导进行开放、诚实的沟通。询问他们对你的工作有哪些具体的期望或反馈，了解你需要在哪些方面做出改进。同时，也可以表达你的担忧和压力，让领导了解你的处境。

4. **寻求支持**：不要独自承受压力。与同事、朋友或家人分享你的感受……

5. **自我关怀**：在忙碌的工作之余，不要忘记关注自己的身心健康……

6. **调整心态**：面对压力时，保持积极的心态非常重要……

7. **寻求专业帮助**：如果自我调整仍然无法缓解你的压力和焦虑……

请记住，你并不孤单。有很多人都在经历类似的挑战和困难。通过积极的努力和寻求帮助，你一定能够克服困难并取得成功。

（以上内容由腾讯元宝生成，内容有删改）

四、游戏设计：让 AI 设计游戏角色对话

使用角色扮演式提问，可以让 AI 生成游戏角色之间的对话、游戏剧情等。

❓ 我们生活在三国时代，我是貂蝉，你是吕布。接下来我们会进行一系列的对话。

🅰️ 好的，我将扮演三国时期的英勇武将吕布，与你一同演绎这段历史传奇。貂蝉，你如同那月光下的仙子，美丽而神秘，让我心生向往。此刻，我们身处乱世，愿我们携手共渡难关，守护这片土地上的安宁。

（吕布）貂蝉，近日战事频繁，我心中甚是忧虑。你可曾想过，我们如何能在这乱世之中，保护更多的无辜百姓免受战火之苦？

❓（貂蝉）吕将军，我们现在身处危险之中，四面楚歌，该如何应对？

🅰️（吕布）貂蝉，你言之有理。如今我们确实身处险境，但我有信心，只要我们齐心协力，定能破局。我会加强军营的防守，同时派遣探子打探敌情，做到知己知彼。另外，我会与各方势力交好，争取更多的盟友，共同对抗强敌。你且放心，我吕布定会护你周全，不让任何人伤害你。

❓（貂蝉）吕将军，但敌军实力强大，我们如何能够抵挡他们的攻势呢？

🅰️（吕布）貂蝉，你无须太过担忧。敌军虽强，但我吕布也并非等闲之辈。我会亲自上阵，率领精锐部队，与敌军决一死战。同时，我也会利

用地形优势，布置陷阱和伏兵，让敌军在不知不觉中落入我们的圈套。此外，我还会寻求盟友的帮助，共同抵御外敌。只要我们团结一心，就没有什么能够阻挡我们前进的脚步。

❓ （貂蝉）吕将军，您对我如此信任，我会尽我所能为您效劳。如果有可能，我也想亲自参战，贡献力量。

🅐🅘 （吕布）貂蝉，你的心意我领了。但战场之上，刀剑无眼，我怎能让你涉险？你只需在后方为我祈祷，为我鼓劲，便是对我最大的支持。你的存在，就是我最大的动力。请相信我，我定会凯旋，不负你所望。

（以上内容由文心一言生成）

注意

1. 角色扮演式提问可以与指令式提问一起使用，专业的身份加上明确的指令，有助于提问者得到更优质、更精准的回答。

2. 因为 AI 的数据库中信息有限，所以针对一些领域的提问，即使已经为 AI 赋予专家身份，AI 的回答也不一定正确。

第二部分

进阶：
让 AI 帮你解决问题

5. 示例式提问：
让 AI 快速理解你的需求

无论在职场中，还是在生活中，我们可能都会遇到类似下面的情况。

场景一：设计师做了几版方案都没通过，和甲方沟通，对话如下。

甲方说：我要的图不是这种感觉，要那种五彩斑斓的黑！

设计师想：什么感觉？五彩斑斓的黑是什么黑色？色卡上没有呀！

场景二：热恋中的情侣，女孩因为男孩买的礼物不称心而吵架。

女孩说：我要收到的礼物是少女感十足的、可爱的。

男孩想：少女感是什么样的感觉？不就是买粉色的吗？

有没有发现，上述两个场景中，甲方和设计师无法达成一致，男孩无法明确女孩的喜好，都是因为甲方或者女孩的表达非常模糊，没有参照物，这造成双方沟通时鸡同鸭讲，彼此都不满意。

我们发现，就算给了具体的指令或者要求，每个人在理解指令或者要求的时候，仍然会出现偏差，这时候好的办法是什么呢？

给对方一个示例，方便其理解。

比如：

甲方给设计师一张用理想中的黑色做的设计图；

女孩把自己喜欢的少女感十足的、可爱的物品分享给男孩，帮助他理解自己的喜好。

和 AI 沟通也是一样，除了给出清晰的指令或者要求，如果提问者能给出示例，那么 AI 给出的回答将会更加贴合提问者的需求。

> **示例式提问**就是提问者明确地给出想要的东西或者内容的示例，减少 AI 理解的偏差，帮助 AI 生成的内容无限接近示例的风格，更精准满足提问者的需要。

来看看下面的案例。

例：写小红书笔记标题

Before	After
没有示例	**提供示例**
❓ 帮我写 5 条小红书笔记的标题，推荐眼霜。	❓ 你现在是一位非常优秀的新媒体文案创作者，接下来我给你提供 3 个小红书爆款笔记的标题，请你总结这些标题的共同点，并根据这些共同点，再写 5 个符合小红书爆款笔记标题特点的标题，推荐眼霜。
	3 个标题如下。
	1. 18 款眼霜大合集！针对不同年龄的眼周问题怎么选？
	2. 好用不"踩雷"的眼霜，去黑眼圈、抗皱眼霜推荐
	3. 有效改善黑眼圈的眼霜，我终于找到了！

例：写口播脚本

没有示例

提供示例

❓ 请帮我创作一个短视频口播脚本，主题：如何避免孩子形成讨好型人格。

❓ 请帮我创作一个短视频口播脚本，主题：如何避免孩子养成讨好型人格。在你开始创作之前，我会给你一个爆款短视频的口播脚本，请你学习并总结这个口播脚本优点，并应用到接下来的创作中。需要学习的脚本内容：

经常被吼骂的孩子会养成什么样的性格？

1. 大脑受损变笨研究表明，经常遭受语言暴力的孩子，长期处于应激状态，会让大脑海马体受到损伤，出现记忆力下降、注意力不集中的问题。

2. 平时情绪不稳定的父母动不动就大吼大叫，也会潜移默化地影响孩子，渐渐地，孩子也会变得心浮气躁。

（更多内容，略）

最后，你家孩子有以上问题吗？

例：信息反馈

没有示例

提供示例

❓ 你现在是 ××× 课程的助教，需要给学员进行反馈和

❓ 你现在是 ××× 课程的助教，需要给学员进行反馈和点评，我给你提供一段学员的介绍以及回复话术参考，

点评，我给你提供一段学员的介绍，你需要给学员写一段回复消息。

学员信息：茶茶，来自成都，培训公司创始人，她认为AI可以成为人类的超级助理，没有经验的人可以先跟着老师们学习怎样和AI有效沟通，然后结合自己的专业知识使用AI。让AI更好地为自己所用是她的学习目标。

你需要给学员写一段回复消息。

学员信息：茶茶，来自成都，培训公司创始人，她认为AI可以成为人类的超级助理，没有经验的人可以先跟着老师们学习怎样和AI有效沟通，然后结合自己的专业知识使用AI。让AI更好地为自己所用是她的学习目标。

回复话术参考：

你好呀！很高兴认识你。你对AI的看法非常深刻，认为AI不断发展、进化，具有接近人的行为和思维的可能。但即便再接近人，机器和程序也无法具有人类的想象力。因此，成为会使用工具的人，甚至创造工具的人，更有可能从重复性任务中解放出来，不断创新。同时，你也强调了需要尽早出台关于AI的规范化使用的法律法规。（更多内容，略）

应用案例

一、职场写作：让AI助你高效写作

在工作中会遇到各种各样的写作场景，比如撰写会议记录、演讲稿、会议议程、商业计划书等。如何快速掌握完成每一种写作任务的要点？不妨让AI给出示例，再使用示例式提问让AI按要求生成内容。

? 我需要写一份商业计划书，请为我提供一个优秀的商业计划书的结构示例。

A 撰写一份优秀的商业计划书是创业过程中至关重要的一步，它不仅能帮助你厘清思路、明确目标，还能帮助你吸引投资者、合作伙伴或融资机构。以下是一个典型的商业计划书结构示例，供你参考。

封面与目录

· 封面：包含公司名称、logo、联系人信息、提交日期等基本信息。

· 目录：列出商业计划书的主要章节及其对应的页码，便于读者查阅。

执行摘要

· 概述：简短介绍公司背景、产品或服务、市场定位、竞争优势、财务预测、资金需求及用途等核心内容。这是整个计划书的精华，应能激发读者的兴趣并帮助读者快速了解项目全貌。

公司介绍

· 公司背景：成立时间、历史沿革、愿景、使命、核心价值观等。

· 管理团队：介绍核心团队成员的背景、经验、专长及分工，展示团队的执行力和行业洞察力。

· 组织结构：公司的组织架构图及各部门职能说明。

产品或服务

· 产品 / 服务描述：详细阐述你的产品或服务是什么，解决什么问题，如何满足市场需求。

· 技术或创新点：介绍产品或服务的技术优势、独特卖点或创新之处。

· 开发计划：产品研发、测试、迭代升级的时间表及里程碑。

…………

记得在撰写过程中保持逻辑清晰、数据准确、语言精练，并根据实际情况调整各章节的详略程度。希望这个结构示例能对你撰写商业计划书有所帮助！

? 请按照这个结构示例，为我提供轻食餐饮零售商业计划书的大纲。

AI 当然可以，以下是一个轻食餐饮零售商业计划书的大纲，基于之前提供的结构示例进行调整。

封面与目录

- 封面：包含轻食餐饮品牌名称、logo、联系人信息、提交日期等。
- 目录：列出商业计划书的主要章节及其对应的页码。

执行摘要

- 概述：简短介绍轻食餐饮品牌的背景、产品特色、市场定位、竞争优势、财务预测（包括开店成本、预期收入、盈利预测）、资金需求及用途等。

公司介绍

- 品牌故事：阐述品牌创立的初衷、愿景……
- 管理团队：介绍核心团队成员的背景……
- 组织结构：展示公司的组织架构图及各部门……

产品与服务

- 产品描述：详细列出轻食菜单……
- 创新点：介绍产品的独特之处……
- 供应链管理：说明食材采购渠道……

附录

- 市场调研报告、产品图片、门店设计草图、团队简历、法律文件（如营业执照、食品安全许可证等）、合作伙伴及供应商名单等补充材料。

（以上内容由文心一言生成，内容有删改）

二、创意设计：用 AI 快速模仿设计风格

目前很多 AI 工具都有"以图生图"的功能，这种功能其实就是示例式提问的一种——给 AI 提供一张图，让 AI 生成类似的图片。

很多 AI 工具也提供了示例模型，用户选择某个风格的示例模型，AI 工具可以生成类似的图片。如使用 AI 绘画工具 Vega AI 生成图像，首先给出一张图片作为示例，Vega AI 将根据示例生成类似的图片。

> **注意**
>
> **1.** 使用示例式提问时要选择合适的例子，需要确保所选的例子具有代表性且与问题紧密相关。
>
> **2.** 在提供示例后，可以要求 AI 总结示例的特点，从而确认 AI 已理解示例所包含的关键点和细节。
>
> **3.** 在选择示例时，注意清晰地表达重点信息，防止过多的细节和无关信息干扰 AI。

6. 引导提问：激发 AI 的创造力

你有没有过这样的经历？

领导把大家叫到办公室，大家面面相觑，等着领导发话，结果领导说："今天开会不谈项目，主要是想和大家一起讨论下个月的活动主题，大家集思广益，有什么点子都可以说出来。"

如果你参加过这种会就知道，这是头脑风暴会。

通过头脑风暴，我们可以获得更多的新思路与创意。当面临棘手的问题时，通过头脑风暴，我们不仅可以收获多个解决方案，便于找到最佳方案，还可以找到审视问题的全新视角。

有了 AI 的帮助，我们就不用再拉着很多人一起开会了，因为 AI 就可以帮我们进行头脑风暴，而且它的知识面更广，审视问题的视角也更多。

那么，怎么让 AI 帮我们进行头脑风暴呢？

要引导 AI "思考"。

想要让 AI 提供更多的点子，只需要在我们想讨论的主题、问题前面加上"让我们思考一下"。这个提示词可以让 AI 生成经过"深度思考"的文本，这对经常写作的人来说很有帮助。

假如我们想要写一篇关于 AI 给职场人士工作带来的冲击的文章，但是不知道有哪些好的角度，可以这样向 AI 提问。

> ❓ 让我们思考一下，AI 给职场人士工作带来了哪些冲击？
>
> ⒶⒾ AI 对职场和工作的影响确实很大，主要体现在以下几方面。

（1）许多工作会被自动化。（具体内容，略）

（2）部分工作会发生变化。（具体内容，略）

（3）新的工作将产生。（具体内容，略）

（4）AI 将提高生产力。（具体内容，略）

以上这种提问方法，叫作引导提问。

引导提问是一种鼓励 AI 提供详细、完整且带有主观见解的提问方法。

这类问题通常没有标准答案，要求 AI 基于知识储备与分析框架来组织回答内容。引导提问可以让 AI 在"思考"和回答问题时更加深入，有助于产生新的见解。

在使用引导提问时，应注意以下几点。

⊘ **使用开放性问题**

提问时，要使用开放性的问题，而不是使用回答为"是"或"否"的封闭性问题，以鼓励 AI 提供更多选项和想法。

⊘ **通过固定短语引导深入思考**

通常以"为什么""怎么样""请描述"等开头，以引导 AI 进行深入思考。

⊘ **引导 AI 深入思考**

提问者可以通过追问，让 AI 扩大"思考"的范围，促使 AI 提供更丰富的信息。例如在 AI 给出一些想法后，可以追问"还有其他的想法吗""不管想法多疯狂，我都想听听"。

以下是使用引导提问的例子。

在你的职业生涯中，哪次经历对你的影响最大？为什么？

你是如何解决这个问题的？请详细描述你的处理过程。

你认为未来五年内，这个行业将会发生哪些重大变化？

来看看下面两个案例。

例：讨论 AI 对人类进化的影响

常规提问 <small>Before</small>

❓ 你觉得 AI 的出现会影响人类进化的速度吗？

引导提问 <small>After</small>

❓ 让我们讨论一下，你觉得 AI 的出现会影响人类进化的速度吗？请一步步思考。

例：提高工作效率

常规提问 <small>Before</small>

❓ 如何提高工作效率？

引导提问 <small>After</small>

❓ 让我们思考一下，在工作中，哪些情况会造成工作效率低下？分析问题的根源，应采取哪些具体的措施来解决？

一、专家顾问团：让 AI 成为你的智囊团

你是不是也想拥有和自己一起进行头脑风暴的团队？使用引导提问，让 AI 从不同角度给出观点，这样就可以模仿现实中的团队，你就能得到多角度的观点。

> ❓ 我的智囊团内有 3 位专家，这 3 位专家分别是乔布斯、××和×××，他们都有自己的个性、世界观和价值观，对同一问题有不同的视角、看法和建议，我会说出我的处境和我的决策，请你分别以这 3 位专家的身份和思维模式来审视我的决策，并给出评判和建议，听明白了吗？

> 🅰 明白了，我将扮演 3 位专家（乔布斯、假设的 ×× 专家，以及未指定的 ××× 专家）来审视您的处境和决策，并给出各自视角下的评判与建议。请继续描述您的处境和决策。
>
> **一、乔布斯视角**
> **审视与评判**
> 作为乔布斯，我倾向于追求极致、简洁和创新的解决方案。我会评估您的决策是否足够大胆，能否引领行业变革或显著提升用户体验。同时，我也会关注决策背后的逻辑是否清晰，是否经过深思熟虑，以及它是否能够迅速适应市场变化，保持灵活性和前瞻性。
> **建议**
> · 确保决策与公司的长期愿景紧密相连，不断推动产品和服务的创新。
> · 精简决策流程，去除冗余环节，确保执行高效。
> · 鼓励团队提出新想法，即使这些想法最初看起来不切实际，因为伟大

的创新往往源自非传统思维。

- 密切关注市场动态，灵活调整策略，以快速响应市场变化。

二、××专家（假设为策略型）视角

审视与评判

作为策略型专家，我会从全局视角出发，深入分析决策对短期和长期目标的影响。我会评估决策是否基于充分的市场调研和数据分析，是否考虑到所有相关利益方的需求和期望。同时，我也会关注决策的可执行性和资源投入的合理性。

建议

- 制订详细的实施计划，明确各阶段的目标、责任人和时间规划。
- 确保决策与公司战略目标保持一致，并有助于实现公司战略目标。
- 充分考虑潜在的风险和挑战，制定应对措施，确保决策的稳定性和可持续性。
- 加强与内外部合作伙伴的沟通，共同推动决策的实施。

三、×××专家（未指定，假设为创意与人文并重）视角
…………

❓ 我们是一家在线教育公司。现在 AI 发展迅猛，催生了很多新工具，这给很多职场人士带来了很大的冲击，我们现在应该怎么做，才能有更好的发展？

🅰 现在我将尝试扮演乔布斯、策略型专家（假设为 ×× 专家）以及创意与人文并重的专家（假设为 ××× 专家），来分别审视在线教育公司面对 AI 发展的处境，并给出建议。

一、乔布斯视角

审视与评判

乔布斯强调简洁、创新和用户体验。在线教育公司应思考如何将 AI 以最直观、最吸引人的方式融入教学中，为用户提供令人惊艳的学习体验。

建议

- 简化界面与流程：利用 AI 优化学习平台的界面设计，减少冗余步骤，使学习过程更加流畅和直观。
- 创新产品功能：开发具有前瞻性的产品功能，如基于 AI 的沉浸式学习体验、虚拟实验室等，以颠覆传统教育模式。
- 注重品牌与营销：通过创新的营销手段，如利用社交媒体、与 KOL 合作等方式，打造独特的品牌形象，吸引用户关注。

二、策略型专家（××专家）视角

…………

综上所述，从乔布斯、策略型专家以及创意与人文并重的专家的视角来看，在线教育公司在面对 AI 发展时，应分别从用户体验、战略规划、情感连接和社会责任等方面入手，以实现更好的发展。

（以上由文心一言生成，内容有删改）

二、职业生涯规划：让 AI 成为你的职场导师

假设你是一名即将毕业的大学生，对自己未来的职业规划充满困惑，也不知道该如何向 AI 表达自己的困惑，那你可以这样试试。

❓ 从现在开始，你是一位苏格拉底式的导师，我是你的学生。你不会直接给出答案或者结果，而是会引导学生思考并一步步得出结论。你会不断调整并拆分问题，以适应学生的理解能力。

🅰 好的，我将扮演苏格拉底式的导师与你对话。在接下来的交流中，我将通过提问和对话的方式，引导你深入思考并自行探索答案。请准备好，我们即将开始一场关于知识与智慧的探索之旅。

❓ 我想知道自己适合做什么工作。

🅰 这是一个非常深刻且重要的问题，了解自己适合做什么工作是人生规划的关键一步。首先，我们可以从探索你的兴趣、技能和价值观入手。

1. 兴趣：你对哪些领域或活动特别感兴趣？是艺术、科学、技术、商业、社会服务还是其他方面？兴趣往往能激发我们的热情和动力。

2. 技能：你具备哪些技能？这些技能是在学习、工作或生活中逐渐形成的……

3. 价值观：你重视什么？是成就感、工作与生活的平衡，还是……
现在，让我们进一步思考：

• 你能举出一些你感兴趣的领域或活动吗？

• 在这些领域或活动中，你觉得自己有哪些独特的技能或优势？

• 你的这些技能或优势是如何形成的？是源于天赋、教育、经验还是其他因素？

• 你期望从工作中获得什么？是金钱、地位、认可、挑战还是其他？

通过回答这些问题，你可以逐渐清楚你适合的工作类型。记住，这个过程可能需要一些时间，但它是值得的，因为它将帮助你找到真正热爱并擅长的工作。

❓ 我喜欢研究计算机软件的新用法。

🅰️ 很好，喜欢研究计算机软件的新用法是一种非常有趣且充满潜力的兴趣。这显示出你对技术的敏锐洞察力和创新精神。接下来，我们可以进一步探讨这个兴趣如何引导你找到适合的工作。

1. **技能评估**：既然你喜欢研究计算机软件的新用法，那么你可能已经具备了一定的编程、软件操作或系统分析等方面的技能。考虑一下你在这些方面的具体技能水平，以及你是否愿意继续深入学习和提升。

2. **职业匹配**：基于你的兴趣和技能，你可以考虑一些与软件开发、软件测试、软件架构相关的……

3. **行业探索**：不同的行业都在使用计算机软件，并且对软件的需求也在不断变化。你可以思考一下……

4. **实践机会**：为了更深入地了解自己的兴趣和技能是否与某个职业或行业契合，你可以寻找相关的实践机会……

5. **持续学习**：技术行业变化迅速，持续学习是保持竞争力的关键。考虑制订一个学习计划……

最后，我要提醒你的是，找到适合自己的工作是一个逐步探索和尝试的过程。不要害怕失败或尝试新事物，因为每一次尝试都会让你更接近自己的目标。同时，也要保持开放的心态，愿意接受新的想法和机会。

❓ 我曾经用 Photoshop 给别人设计海报，还挣了 300 元。

🅰️ 这是一个很好的实践经历！你不仅展现了你的兴趣和技能，还成功地将其转化为经济价值。用 Photoshop 设计海报并赚取报酬，说明你在视觉设计和创意方面有一定实力。

现在，我们可以基于这个经历进一步探讨适合你的工作。

1. **平面设计**：Photoshop 操作能力是平面设计领域的基础。如果你喜欢创作视觉效果，并且擅长将文字、图像和色彩等元素组合成吸引人的设计，那么平面设计可能是一个很好的职业选择。你可以考虑进一步提升自己的设计技能，学习更多的设计软件和技术，以便在这个领域中有更多的发展机会。

2. **广告与传媒**：海报设计属于广告和传媒行业。如果你对这个行业感兴趣，并且喜欢将自己的创意与商业需求相结合，那么你可以考虑……

3. **自由职业者**：你已经有了一些成功的设计作品和赚取报酬的经验，这为你成为自由职业者提供了良好的基础……

无论你选择哪种工作，都需要不断地学习和提升自己的技能水平。同时，也要保持对新技术和新趋势的敏感度，以便在竞争激烈的市场中保持竞争力……

（以上内容由文心一言生成，内容有删改）

让 AI 引导你思考，而不是让它直接给你参考答案，你可以进一步了解自己，做出更适合自己的职业或者人生规划。

与上述案例所使用的提问方法效果类似的方式叫作**苏格拉底式提问**，又称苏格拉底式教学法，是古希腊哲学家苏格拉底的极具代表性的提问方法，即通过一系列有针对性的问题引导对话者进行深入思考，以发现知识、挖掘观点和促进理解。苏格拉底式提问强调质疑、怀疑和反思，追求真实和理性。

苏格拉底式提问的主要特点如下。

✓ 引导性

通过提问引导对话者思考问题而非直接告诉他们答案。

✓ 层层递进

问题由浅入深，逐步引导对话者深入探讨话题。

✓ 提倡反思

鼓励对话者对自己的观点和假设进行反思。

✓ 逻辑性强

关注论证的一致性和合理性，追求真实的和有根据的知识。

常见的 6 种苏格拉底式提问如下表所示。

类型	说明	参考指令
澄清问题	探讨一个问题，明确概念	可不可以举个例子，说明你表达的意思
检验假设	了解对话内容的真实性	你如何证明这个假设
理性分析	探究背后的原理或者真相	能解释一下原因吗 你是如何得出这一结论的
检验观点	让 AI 对其回答进行分析	你提出的这个方案有哪些优缺点
开阔思路	引导 AI 从不同视角看问题	对于这个问题，你觉得其他人可能会怎么看
思考后果	了解某个假设会带来的后果	你觉得你这个假设会有什么结果呢

> **注意**
>
> **1.** 可以让 AI 扮演某一领域的专家，但是要注意，这位专家一定要是名人，否则网上没有相关数据，AI 就无法从这位专家的视角给出回答。
>
> **2.** 角色的数量可以自由更改，如果想要获得更多不同的视角，可以让 AI 扮演更多不同领域的专家。

7. 发散提问：
让 AI 提供多种创意思路

当我们缺乏灵感时，可以让 AI 帮我们挖掘更多创意和想法；当我们面临复杂问题时，可以让 AI 帮我们找到更多种可能的解决方案。很多时候，问题的答案不止一种，生活的解有无数个，我们需要掌握主动打破思维局限的提问方法——发散提问。

> **发散提问**是指尽可能从多个角度提出问题，从而获得更多的信息和思路，避免视角单一带来局限性的提问方法。

发散提问本质上是通过提出开放式、非线性的问题，找出解决问题的不同可能性，而非直奔单一答案。使用发散提问可以让 AI 帮助我们拓展思路、打破常规思维。

好的发散提问通常具备开放性、引导性、探索性等特征，从而帮助我们打破思维局限，探索更多可能。

⊘ 开放性

好的发散提问通常不追求固定的答案或解决方案，不设置过多的限制，而是鼓励 AI 探索新的可能性。例如，对于"如何改进产品设计"的问题，一个好的发散提问可以是："如果我们不考虑现有的限制，你会如何设计一个全新的产品来满足用户需求？"

⊘ 引导性

我们可以引导 AI 按照指定的逻辑和思路进行思考，从而更有效地找到问题的答案。例如，当我们想要提升客户满意度，可以问 AI："要提升客户满意度，我需要从哪些方面入手，比如服务质量、产品性能、售后服务等？在每个方面又可以采取哪些具体措施？"

✅ 探索性

好的发散提问并非停留在表面，而是能够深入挖掘问题的本质和根源。例如对于"为什么员工满意度下降"的问题，一个好的发散提问可以是："除了薪酬和福利，还有哪些深层次的原因可能导致员工满意度下降？"

> **注意**
>
> 发散提问并不是让 AI 漫无目的地作答，不能因为过于注重发散性而忽略关键提示。

来看几个不同场景下发散提问的使用案例。

例：技术价值探索

Before

常规提问

❓ VR 技术在哪些领域创造价值？

After

发散提问

❓ 除了游戏行业，VR 技术还能在哪些领域创造价值？

例：商业模式验证

Before

常规提问

❓ 这个商业模式复制到其他行业可以成功吗？

After

发散提问

❓ 如果将这个商业模式复制到其他行业，会给行业带来什么变化？

一、创意策划：生成有创意的金点子

在一些需要创意、创新、思考和表达的场景下，非常适合运用发散提问。

❓ 公司即将举办年会，请帮我策划至少 10 个互动性强的节目，无论是唱歌、跳舞、小品还是其他形式都可以，希望能让大家都积极参与。

🅰 为了确保公司年会的互动性和趣味性，以下是我为您提出的 10 个互动性强的节目的建议。

1. 团队才艺秀

事先邀请各部门或小组准备一段才艺表演，可以是唱歌、跳舞、小品、魔术等。

设立评委团或由观众投票，选出最佳才艺奖。

2. 年度回顾视频互动

制作一段公司年度回顾视频，包含重要事件、员工风采等。

视频中穿插互动问题，观众通过手机答题，答对者有机会获得小礼品。

3. 模仿秀大赛

员工模仿名人、同事或流行角色。

观众投票选出最像、最有趣的模仿者。

4. 你画我猜接力赛

分组进行，每组第一个人看提示词后画画，下一个人比照着画画，依此类推，最后一个人猜词。

限时完成，猜对最多词的组获胜。

5. 即兴喜剧表演

随机抽取观众上台，给出即兴表演的主题或情境。

观众和表演者共同创作一段即兴喜剧。

6. 歌舞串烧接力

分组进行，每组轮流上台表演一段歌舞。

表演需包含接力元素，如传递道具、动作接龙等。

7. 年度关键词猜谜

准备与公司年度事件相关的关键词或短语，制成谜面。

员工分组猜谜，猜对最多者获胜。

8. 时光信箱

设立"时光信箱"，邀请员工写下对公司未来的期望、对同事的祝福或个人的职业规划。

年会结束时收集信件，约定一年后或特定时间开启。

9. 互动游戏"谁是卧底"

类似狼人杀游戏，每组中有一名卧底，通过提问和回答找出卧底。

考验员工之间的默契和逻辑推理能力。

10. 年终大奖抽奖环节

设立多个奖项，如最佳员工奖、幸运奖等。

通过抽奖软件或实体抽奖箱进行抽奖，激发员工参与热情，活跃现场气氛。

这些节目既有趣味性又有互动性，能够激发员工的参与热情，让年会更加难忘。希望这些建议能对您有所帮助！

（以上内容由文心一言生成）

二、教学培训：拓展思路

在教学培训中，教师或培训师不仅要向学生传道、授业、解惑，还需要教会学生如何拓展思路、独立思考。

❓ 我是一名专业的 PPT 培训师，请提供一些课堂上可以使用的发散式问题，这些问题应该能够引导学员深入思考 PPT 设计和制作过程中的各种可能性，请确保问题具有足够的开放性，避免只有一个正确答案。

🅰️ 以下是一些在 PPT 培训课堂上可以使用的发散式问题。

一、关于整体设计风格

1. 如果要为一场科技主题的演讲制作 PPT，你能想到哪些独特的设计元素和色彩搭配方案？

2. 想象一下，你正在为一场儿童故事分享会设计 PPT，什么样的风格最吸引小朋友的注意力？

3. 在设计 PPT 时，如何根据不同的受众选择最恰当的整体设计风格？

二、关于布局排版

1. 对于内容较多的一页 PPT，你会采用哪些布局方式来确保信息清晰易读又不失美观？

2. 假如你只有一张很有冲击力的图片，你会如何围绕这张图片进行页面布局，以突出其重要性？

3. 思考一下：不同的布局排版对观众的视觉引导会产生怎样的影响？

三、关于图表运用

…………

（以上内容由豆包生成，内容有删改）

注意

1. AI 生成的创意可能是天马行空的，因此我们需要结合实际情况进行筛选。

2. 当 AI 生成的内容无法满足我们的需求时，我们不妨试试向它提供更多情境或背景信息，多次引导 AI 反复生成回答，来获取满意的内容。

8. 摘要提问：
快速压缩长篇信息

有时我们需要阅读新闻报道、学术论文等资料，并快速理解核心信息。

有时领导发来大段工作任务和要求，自己却抓不住重点。

有时我们需要快速掌握一部小说的关键剧情。

…………

在这些情况下，我们可以使用摘要提问，让 AI 从复杂的文本中提取出核心观点、关键事实或重要结论，从而让我们无须逐字逐句浏览文本就能快速了解文本内容，大大节省时间，提高信息获取的效率。

> **摘要提问** 是一种让 AI 阅读长文本内容后，提供简短摘要的提问方法。

好的摘要提问通常具备明确性、针对性和结构性等特征，能够引导 AI 准确生成摘要内容，达到高效获取关键信息的效果。

进行摘要提问时，遵循以下原则，可以更加高效地获取想要的信息。

✓ 明确提问目的

明确你想要通过摘要提问达到什么目的，比如"我想要快速了解这篇文章的内容"或是"请帮我从这段话中提取 ×× 信息"。明确目的有助于你更精准地提问。

✅ 清晰地描述原文内容

在提问时，尽可能清晰地描述你想要 AI 摘要的原文内容。如果原文篇幅不长，可以直接把原文发送给 AI；如果原文很长，可以指出关键信息，比如"某本书的某个章节"或者"某人在某日于某地发表的演讲"，若能同时给 AI 提供相应的 DOCX/PDF/TXT 格式的原文，将有助于 AI 更准确地理解并生成摘要。

✅ 指明篇幅和详略程度

明确你对摘要的篇幅和详略程度的要求，如"请生成一个不超过 200 字的简短摘要"，或是"请分点提取核心内容"。

✅ 使用结构化提问

结构化提问有助于 AI 更好地理解你的需求，比如："请根据 [明确指出需要总结的内容]，总结出 [长度要求，如 200 字] 的 [所需内容，如主要观点]。"

来看几个不同场景下摘要提问的使用案例。

例：图书内容概括

Before

常规提问

❓ 请概括图书《哈利·波特》。

After

摘要提问

❓ 请详细概括图书"哈利·波特"系列第一部的情节。

例：文字提炼

Before

常规提问

❓ 请精简以下文字：
人工智能（AI）是计算机

After

摘要提问

❓ 请分点提取以下文字的重点内容：

科学的一个分支，它试图理解智能的实质，并生产出一种新的能以人类智能相似方式做出反应的智能机器。（更多内容，略）

人工智能（AI）是计算机科学的一个分支，它试图理解智能的实质，并生产出一种新的能以人类智能相似方式做出反应的智能机器。（更多内容，略）

应用案例

一、整理知识库：让知识库条理清晰

很多人在建立知识库时往往会搜集大量资料，久而久之，知识库里的资料越来越杂乱，这时可以借助 AI 提炼资料中的精华或知识点。

❓ 请阅读以下文章，围绕"如何提高工作效率"这一主题进行分点概括。

现代社会中，工作效率已成为衡量个人职业素养和企业竞争力的重要标尺。在快节奏的工作环境中，如何提高工作效率已成为每个职场人士不断探索的课题。（更多内容，略）

🅰 **1. 时间管理**：采用如"番茄工作法"的时间管理工具，通过设定工作和休息的时间单元来提高专注度和效率。

2. 任务分配：区分任务的轻重缓急，优先处理重要且紧急的任务，合理安排重要但不紧急的任务，以提高工作效率并减轻压力。

3. 工作环境：保持工作环境的整洁有序，减少干扰，如关闭手机通知或使用降噪耳机，以创造一个有利于专注的工作空间。

4. 团队合作：通过良好的沟通和合作，避免重复劳动，确保团队成员明确职责和任务进度，提高整体工作效率。

5. 技术应用：利用电子邮件、即时通信工具、项目管理软件等来安排任务和跟踪进度，同时使用自动化工具做重复性工作。

…………

❓ 请精简以下文字，并用表格的形式说明影响工作效率的因素有哪些。

在追求高效工作的道路上，我们常常感到困惑和挫败。为什么有些人能够轻松应对繁重的任务，而我们却总是陷入低效的泥潭？其实，影响工作效率的因素远比我们想象的复杂。本文将通过大量真实案例，深入分析这些因素，并探讨如何应对以提升我们的工作效率。（更多内容，略）

🅰️

因素类别	影响因素	说明
心理因素	压力与焦虑	高压力和焦虑可能导致工作效率下降，需要进行心理疏导和放松活动
	心态	积极面对挑战，改变消极心态，有助于提升工作效率
生理状态	睡眠	保证充足和高质量的睡眠对高效率工作至关重要
	饮食与运动	健康的饮食和适量的运动有助于改善身体状态和提高工作效率
外在环境	工作环境	整洁有序的工作环境有助于避免分心，提高工作效率
	沟通与协作	顺畅的沟通和有效的协作能够避免误解，提高项目执行效率
技术应用	办公软件和工具	利用自动化工具、项目管理软件等可以提高工作效率

（以上内容由 Kimi 生成，内容有删改）

二、梳理目标计划：让工作有计划性

面对繁杂的 KPI、领导的要求、客户的需求……很多职场人感到无从下手。不妨让 AI 帮忙提炼关键信息，从而快速确定目标和计划。

例：理解客户需求

> ❓ 我是一位平面设计师，客户要我做一张产品宣传海报，请根据客户的需求帮我提炼出客户想要的海报风格。客户的需求如下。
>
> 海报的目的：宣传一款最新上市的耳机。
>
> 耳机受众：运动爱好者，20~35 岁。
>
> 耳机特点：防汗防水，佩戴稳定，适合运动时佩戴。
>
> 海报文案：无线自由，释放激情。
>
> 海报场景：运动场上，一位充满活力的运动者，他戴着我们的运动耳机，十分投入地运动。
>
> 海报的尺寸和布局：A3 或 A2，竖版。
>
> 海报发布渠道：微博、小红书等新媒体平台。
>
> 其他要求：色彩鲜艳，吸引人。
>
> ---
>
> 🅰️ 根据您提供的客户需求（运动耳机海报、受众 20~35 岁运动爱好者、新媒体渠道传播），我提炼出以下 5 大核心设计风格方向，并附具体视觉化建议。
>
> **海报核心风格关键词**
>
> 动态炫酷运动风 + 高饱和科技感 + 快节奏视觉冲击
>
> **一、色彩体系 → 满足"鲜艳吸睛"要求**
>
> - 主色调：
>
>   ◆ 霓虹渐变蓝紫（科技感 + 防水联想）

◆ 活力橙 / 荧光绿（运动能量感）

搭配建议：用深色背景（如黑 / 深蓝）衬托高饱和亮色，增强对比度。

二、动态感营造 → 呼应"释放激情"文案

- 构图技巧：

  ☑ 低角度仰拍运动者（强化力量感）

  ☑ 高速运动模糊背景（如跑步轨迹、飞扬的汗水）

  ☑ 耳机环绕流体光效（隐喻"无线自由"）

示例场景：运动员腾空跃起瞬间，耳机稳稳佩戴，背景色块呈爆炸式放射状构图。

…………

（以上内容由腾讯元宝生成，内容有删改）

例：理解领导的要求

❓ 领导的这段话表达了对我的工作的期望，请帮我从中提炼出我下一步的工作目标。

今天找你，是想简单聊聊你近期的工作表现。

首先我必须说，我很欣赏你的创意和设计风格，它们非常独特，给咱们的很多项目都带来了很强的新鲜感和视觉冲击力，这一点特别棒。你的设计作品也经常得到客户的赞赏，这对咱们品牌影响力的提升有很大帮助。

不过，我也注意到了一些需要改进的地方。有时候，在和客户沟通时，你可能没有完全理解客户的需求。只有充分理解客户的需求，才有助于后续的沟通和设计。我希望你在这方面加强。然后在设计过程中，你可能过于强调个人的审美，忽视了项目的整体要求和目标，比如前段时间给

A公司做的包装设计。个人审美的确很重要，但是，与团队合作、与其他部门协调也很重要，满足客户的期待更是我们的核心目标。我相信，你是有能力克服这些挑战、解决这些问题的。

最后我想说，作为优秀的平面设计师，你在团队中扮演着很重要的角色，不断学习和成长是非常重要的。我希望你可以积极参加一些相关的培训，保持对设计趋势和新技术的关注。另外，你要多多和部门内的小伙伴交流，分享经验和灵感，这对你的设计水平提升也有帮助。

🅰️ 从领导的这段话中，可以提炼出你下一步的工作目标。

1. 加强与客户沟通：更深入地理解客户需求，确保后续沟通和设计的准确性。

2. 平衡个人审美与项目要求：在设计过程中，既要保持个人审美，也要充分考虑项目的整体要求和目标，满足客户期待。

3. 提升团队合作与协调能力：多与团队成员和其他部门合作，确保设计作品满足客户的期待。

4. 持续学习与成长：积极参加相关培训，保持对设计趋势和新技术的关注，不断提升自己的设计水平。

5. 促进部门内交流与分享：与部门同事多交流，分享经验和灵感，共同提升设计团队的整体能力。

（以上内容由文心一言生成）

9. 归纳提问：
对信息快速分组

请试着代入一下这个场景，你错过了公司周会，但想了解会议内容，以便做本周计划，那么你准备怎么向参会的下属询问周会信息？

提问一：小王，今天的会议有什么内容？

小王听你这么问，估计会从头到尾将会议流程复述一遍：首先，市场部的李经理说……然后，销售部的刘主管说……最后，研发部的王主任说……

提问二：小王，今天的会议上，市场部、销售部、研发部汇报的本周工作重点分别是什么？关于月底大型活动的方案，大家最终选了哪个版本？我们部门有没有新增的需要跟进的事项？

如果这么问，小王就会根据你的问题自动将繁杂的会议内容进行分类归纳，让你接收有效信息。

很显然，在这个场景里，提问二有效地引导对方将繁杂的信息进行归纳，筛除无效信息，整理出有效信息，并且根据提问者的个性化需求进一步分类提取，所以提问者得到的答案会更清晰、准确、简洁，双方的沟通会更顺畅、高效。

其实在这个场景里，你可以将小王看作是 AI，而你作为提问者，只有掌握归纳提问的技巧，才能够获得想要的答案。

> **归纳提问**是指通过提问要求 AI 从一些相关的事实中找出它们之间的共性或规律，然后总结出结论的提问方法。

> 好的归纳提问通常目标明确、针对性强、结构清晰、考虑上下文，并且充分结合个人背景和需求。

那么，如何通过归纳来进行提问呢？以下是一些具体的技巧。

✓ 明确归纳目标

明确归纳的目的、范围和期望的输出形式。这有助于 AI 聚焦于关键信息，避免信息过载或者混乱。比如你在写年度市场报告时，明确报告中需要归纳的关键信息（如市场份额、竞争对手动态、消费者趋势等），并设定报告的结构和要点。

✓ 提取关键信息

从文本、邮件、会议记录等来源中提取与归纳与目标相关的关键信息，有助于获得更精准的答案。比如客户服务经理在处理客户投诉时，会收集客户邮件和聊天记录，提取出关键投诉、客户情绪状态和历史处理记录。这些信息可以帮助经理快速了解问题全貌，制定更有效的解决方案。

✓ 巧用分类与整理

可以按照按主题、时间、优先级等维度进行分类和整理，进一步提升信息清晰度。比如项目经理在管理多个项目时，先对项目任务、资源和风险进行分类和整理，然后根据任务性质、截止日期和优先级分配任务给团队成员，并生成项目报告，从而更好地把握项目进度和风险。

✓ 重视比较与综合

对分类整理后的信息进行深入比较和综合，识别出信息之间的联系，为决策提供有力支持。比如产品经理在开发新产品时，需要对竞品信息进行收集和分析，不仅要了解竞品的功能、价格、用户评价等基本信息，还要通过比较和综合分析，识别出市场缺口和差异化竞争优势，为产品定位和策略制定提供依据。

常用的用于归纳提问的关键词和短语如下。

（1）表示总结：总共、归纳、总结、概括、综合、简述、总体、总体来说、总的来说、大体上、大致上等。

（2）表示分类：分为、分类、种类、类别、属于哪一类、哪些是、哪些属于等。

（3）表示比较：相同、相似、相对、比较、对比、比照、相对而言、比如、和……相比等。

（4）表示举例：例如、比如、举个例子、举例来说、以……为例、如、如下等。

（5）展示细节：具体、细节、详细、具体来说、详细说明、详细阐述等。

来看几个不同场景下归纳提问的使用案例。

例：团队管理

Before

非归纳提问

❓ 请提出改善团队氛围的建议。

After

归纳提问

❓ 请从沟通机制、激励机制、团队文化和工作环境四个方面，归纳出改善团队氛围的具体措施，并说明预期效果。

例：项目管理

Before

非归纳提问

❓ 请告诉我"公司内部网络升级"项目的进度。

After

归纳提问

❓ 请概述"公司内部网络升级"项目的主要进度，并指出可能影响项目按时完成的所有潜在风险。同时，提供团队为减小这些风险所能采取的预防措施。

一、教育领域：让 AI 对学生的学习效果进行分析

❓ 请根据提供的数据，分析本学期学生考试成绩数据，归纳出各学科的平均分和高分与低分的分布情况，以及学习成效显著提升或下滑的学生群体特征。（数据略）

🅰️ 经过分析，本学期学生考试成绩数据归纳如下。

学科平均分：数学平均分最高，为 85 分；语文平均分居中，为 78 分；英语平均分相对较低，为 72 分。

分数分布：高分段（90 分以上）在数学科目中占比最高，达到 20%；而英语科目中，低分段（60 分以下）占比最高，为 15%。

学习成效变化：显著提升的学生群体多集中于之前基础较弱但通过努力有明显进步的班级，如三年级二班数学成绩平均提高了 15 分；下滑明显的学生则多因学习方法不当或家庭因素影响，如五年级一班英语成绩平均下降了 8 分。

（以上内容由文心一言生成）

二、策略制定：让 AI 辅助评估策略实施效果

❓ 为了增强我们社区的环保意识，我们需要制定一套有效的策略。请根据最近的社区调查结果、居民反馈和过往环保活动的经验，归纳出当前社区在环保行动中的主要需求和兴趣点，并提出至少三个创新且具有吸引力的环保活动建议。同时，考虑社区居民的参与意愿和资源的可用性，对每项活动进行简短的可行性分析。

🅰️ 通过分析社区调查结果和居民反馈，我们发现居民对户外活动、亲子教育和废物回收表现出较浓厚的兴趣。

基于这些信息，我们提出以下三个环保活动建议。

1. 社区清洁与植树活动：组织定期的社区清洁活动，并结合植树活动，鼓励居民参与到美化社区环境的行动中来。利：增强社区凝聚力，同时提升环境质量。弊：需要协调志愿者和获取植树所需的物资。

2. 设立环保亲子工作坊：设立以环保为主题的亲子工作坊，制作回收材料工艺品，教给儿童环保知识。利：从小培养儿童的环保意识，同时促进家庭成员间的互动。弊：需要专业的指导人员和足够的材料供应。

3. 设立社区废物回收日：将特定的日子设为社区废物回收日，提供便利的回收站点，进行宣传活动。利：提高资源回收率，减少垃圾填埋。弊：需要与回收公司合作，并确保居民知晓活动细节。

综上所述，这些活动都具有较高的可行性，能够激发居民的参与热情，并且对社区环境产生积极影响。

（以上内容由 Kimi 生成）

注意

1. 按照某个框架来归纳信息，有助于发现其中的规律和联系。归纳后的信息应有清晰的层次结构，便于理解和记忆。

2. 使用归纳提问时，归纳的范围应适中，既不过于宽泛导致信息杂乱无章，也不过于狭窄而使信息归纳失去意义。同时，应确保归纳的信息与问题紧密相关，避免引入无关信息干扰归纳结果。

10. 多项选择提问：
快速决策，告别选择困难症

针对用户的提问，有些时候 AI 提供的答案过多，这并不是一件好事。例如：一位管理者准备给部门员工做一场内部培训，需要挑选合适的培训方向，以下是两种提问方式。

提问一：

> ❓ 我们是一家在线教育公司，请推荐适合我们公司基层员工的培训方向。
>
> 🅰️ **一、专业技能培训**
>
> 在线教育平台操作与维护：培训员工熟练操作公司在线教育平台的各项功能，包括课程上传、编辑、发布、管理学生信息、处理学习数据等，确保平台运行顺畅。
>
> 教学内容设计与制作：……
>
> 教育技术工具应用：……
>
> **二、客户服务与沟通技巧**
>
> 客户服务理念：培养员工以客户为中心的服务理念，了解在线教育用户的需求和期望，提升客户满意度。
>
> 有效沟通技巧：……
>
> 情绪管理与压力调节：……
>
> …………
>
> （以上内容由 Kimi 生成，内容有删改）

提问二：

给出三个选项

❓ 我们是一家在线教育公司，请在团队协作、领导力和沟通技巧三个方向中推荐一个最适合我们公司基层员工的培训方向。

🅰️ ....

考虑到在线教育公司的特点，我建议可以优先考虑沟通技巧的培训。这是因为在线教育特别依赖于教师与学生、员工与同事，以及公司与客户之间的有效沟通。良好的沟通技巧可以帮助基层员工更好地理解客户需求，提高教学质量，同时也能够促进团队内部的交流，提升工作效率。

此外，沟通技巧的提升是团队协作和领导力发展的基础。员工只有掌握有效沟通的方法，才能够在团队中发挥积极作用，逐步培养出领导力。而且，良好的沟通是解决团队协作中可能出现的问题的关键。

因此，从基层员工的培训角度出发，沟通技巧是实用的培训方向，可以作为首选。随着员工能力的提升，可以逐步引入团队协作和领导力的培训内容。

（以上内容由 Kimi 生成，内容有删改）

在这个例子中，AI 对提问一的回答虽然很全面，但提问者很可能因此陷入纠结的境地；提问二明确给出了三个选项——团队协作、领导力和沟通技巧，从而使 AI 根据这些选项提供更具针对性的建议。

多项选择提问是一种通过给出多个选项，让 AI 从中选择一个最合适的选项的提问方法。这种提问方法有助于提高答案的针对性和准确性，使提问者从既定选项中选择最优选项。

以下是使用多项选择提问的 4 个步骤。

①明确核心问题：确定你希望 AI 回答的核心问题是什么。

比如针对一款新推出的 AI 工具，你想要了解什么推广策略更适合，核心问题就是：如何在初期推广一款新推出的 AI 工具？

②设计多个可行选项：根据核心问题，设计出多个合理的、相互排斥的选项。这些选项应该尽可能覆盖所有答案。

比如，可以想到的可行选项：

A.媒体广告　B.内容营销　C.短信营销　D.线下推广活动

③构建提问句式：使用清晰的语言引导 AI 在给定选项中做出选择。

比如：在以下营销策略中，哪一种最适用于初期市场推广？

A.媒体广告　B.内容营销　C.短信营销　D.线下推广活动

④添加背景信息：如果需要，可以提供一些背景信息，以帮助 AI 理解问题并做出最佳选择。

经历以上 4 个步骤，你可以创建下面这个多项选择提问，使 AI 能够在明确的背景下做出最优选择。

❓ 这是一款新推出的 AI 工具，目标用户是 25~40 岁的科技产品爱好者，目前预算有限，主要目标是增加品牌知名度和吸引早期用户。

提问：考虑到上述背景信息，在以下营销策略中，哪一种最适用于初期市场推广？

选项：A. 媒体广告　B. 内容营销　C. 短信营销　D. 线下推广活动

🅐 根据您的背景信息和目标，我认为在初期市场推广中，** 内容营销
（B）** 是最适用的策略。以下是原因。

1. 精准定位目标用户：内容营销可以针对 25~40 岁的科技产品爱好者，
通过社交媒体、博客、视频等渠道发布高质量、有价值的内容……

2. 建立品牌权威性：……

3. 成本效益高：……

4. 长期影响：……

5. 互动性强：……

综上所述，内容营销在初期市场推广中是一种非常有效的策略……

（以上内容由 Kimi 生成，内容有删改）

在实际的提问中，还可以使用以下句式。

在以下选项中，哪一个最符合……

根据你的经验，以下哪个选项是……的最佳选择？

你认为以下哪个选项最能描述……的情况？

在这些可能的原因中，哪一个是……的主要原因？

如果……，你会选择以下哪个选项？

在现实生活中，我们常常需要从多个选项中选择最优的，以下是
两个对比案例。

例：选择理财方式

Before | **常规提问**

❓ 哪种方式最适合理
财新手？

After | **多项选择提问**

❓ 我是理财新手，你认为在股票、债
券、黄金、房地产投资中哪种投资
方式最适合我？

投资是一件收益与风险并存的事，须格外谨慎。AI 给出的建议只能作为参考。

例：选择减肥方法

Before **常规提问**

❓ 宅男如何减肥？

After **多项选择提问**

❓ 我是一个宅男，考虑到我的生活方式和喜好，以下哪种减肥方法最适合我？
A. 有氧运动　B. 健身房锻炼
C. 瑜伽　　　D. 跳舞

应用案例

一、产品推荐：让 AI 帮你摆脱"选择困难症"

❓ 我想要一款摄影功能强大的手机，你推荐哪一款？请给出理由。
选项有 iPhone 15 Pro、三星 Galaxy S24、小米 14 ultra。

🅰 ⋯⋯⋯⋯⋯

综合考虑以上因素，iPhone 15 Pro 在摄影功能方面表现最为突出。它不仅拥有高像素的主摄像头和超广角摄像头，还配备长焦摄像头，支持多种拍摄模式和功能，包括夜景模式、人像模式、成像风格、微距和 Apple ProRAW，能够拍摄 4K 60f/s 视频，包括 30f/s 的 ProRes 模式，和 60f/s 的 HDR 模式。此外，iPhone 15 Pro 的夜景模式拍摄效果和变焦能力也非常出色，能够满足专业摄影的需求。因此，如果你追求卓越的摄影功能，iPhone 15 Pro 是一个非常好的选择。

（以上内容由 Kimi 生成，内容有删改）

二、市场调研：让 AI 做趋势分析

? 根据近几年的市场数据，以下哪个行业在未来五年内预计增长速度最快？请给出原因。

A. 石油和天然气行业

B. 可再生能源行业

C. 传统零售行业

D. 纸张制造行业

AI B. 可再生能源行业

原因：随着全球对减少温室气体排放的关注和对可持续发展的需求，可再生能源行业预计在未来五年内增长速度最快。太阳能、风能等清洁能源的投资规模将继续扩大，以应对日益严峻的气候变化。

（以上内容由 Kimi 生成）

三、考试出题：帮老师快速出一套考试题

? 帮我出 10 个高考历史选择题，并给出答案解析。

AI 以下是 10 个关于高考历史的多项选择题及答案解析。

一、秦始皇统一中国后，实行了哪种政治制度？

A. 分封制

B. 郡县制

C. 宗法制

D. 世袭制

答案：B. 郡县制

解析：秦始皇统一六国后，废除了分封制，实行郡县制，以加强中央集权。

二、以下哪个哲学家是古希腊哲学家柏拉图的弟子？

A. 苏格拉底

B. 亚里士多德

C. 赫拉克利特

D. 老子

答案：B. 亚里士多德

解析：亚里士多德是古希腊哲学家柏拉图的弟子，他在柏拉图的学园学习并成为著名哲学家。

…………

（以上内容由讯飞星火生成，内容有删改）

注意

1. 选项设置合理：确保提供的选项与主题相关，避免使用明显错误的选项，以免 AI 输出具有误导性的内容。

2. 选项数量适中：选项过多可能会导致用户对 AI 输出的内容感到困惑，选项过少可能导致内容无法满足用户的需求。用户应根据问题的复杂程度，设置数量适当的选项。

3. 避免使用含义模糊或描述不清晰的选项：确保对选项的描述清晰，避免使用含义模糊或容易产生歧义的词汇。

11. 迭代式提问：
让答案越来越对你的口味

如果你是一名客服，当客户反映你们公司的产品无法连接网络，导致没办法使用时，你会如何与客户沟通呢？

提问一：请问您的网线是不是有问题？

客户听你这么问，要么会觉得你的态度很敷衍，要么可能会回答"不知道"，你依旧无法获得足够的用于解决问题的信息。

提问二：很抱歉给您带来不便，为了更好地帮助您，我有几个问题需要您回答。首先，请问您是否已经检查过网络连接是否正常，以及路由器是否正常工作？

客户：是的，我已经检查过网络连接，路由器也正常工作。

客服：好的，谢谢您的反馈。请问您能告诉我具体的错误提示或者故障现象吗？

客户：当我尝试连接 Wi-Fi 时，产品显示连接失败，并且没有任何其他错误提示。

客服：明白了，感谢您提供信息。请问您是否尝试重启产品或者尝试用其他设备连接同一网络？

客户：是的，我已经尝试过重启产品，并且用其他设备可以正常连接到同一网络。

客服：好的，感谢您提供信息。根据您的描述，我可以初步判断问题可能出在产品的设置或者固件方面。为了更准确地帮助您解决问题，我将为您转接我们的技术支持团队，他们将为您提供进一步的指导和解决方案。

客户：好的，谢谢。

提问二中，客服通过不断反馈，逐步了解客户的问题，并引导客户提供更详细的信息，以便提供有效的解决方案。其中，客服使用的提问方法就是迭代式提问。

在这个过程中，提问者会尝试不同的方法，通过得到的反馈信息来优化自己的决策和行动，以达到预期的目标。在上面的场景里，客户就相当于 AI，客服就是提问者，提问者使用迭代式提问，让答案不断优化，越来越符合预期。

> **迭代式提问**是一种通过逐步细化、深入和修正问题的提问方法，以促进对话双方对问题本质和细节的共同理解和探索。这种方法强调通过一系列相互关联的提问，逐步逼近问题的核心，促进更加深入和全面的交流。

好的迭代式提问具有循环性和互动性的特点，提问者会不断根据对方的回答调整提问，形成一个动态的、逐步深入的问题链。迭代式提问的关键在于保持问题的连贯性、灵活性和针对性，以便在不断迭代中逐步逼近问题的核心。

那么，如何进行迭代式提问呢？以下是一些具体的技巧。

✓ 始于宽泛问题

从一个相对宽泛的问题开始，为对话设定一个大致的方向。例如，"关于这个项目的市场定位，你有什么初步的想法？"这样的问题可以引导对方分享一些基本的看法和观点。

✓ 基于反馈调整

在对方回答后，根据反馈内容调整后续问题，使其更加具体和深入。如果对方的回答提到了目标用户群体，你可以进一步提问："针对这个用户群体，你认为我们的产品或服务应该如何实现差异化？"

✓ 逐步细化

通过连续提问，逐步将问题细化。例如，在讨论市场定位后，你可以继续提问："在营销策略上，我们应该如何针对用户群体制订有效的推广计划？"

✓ 探索未知领域

在迭代过程中，如果发现了新的、之前未考虑到的领域或问题，不妨大胆提问以进一步探索。例如，"在市场调研中，你是否注意到有其他竞争对手也在瞄准这个用户群体？他们的策略是怎样的？"

✓ 保持开放性

在提问时保持开放性，鼓励对方分享更多的想法和见解。使用如"你觉得……怎么样？""还有其他需要考虑的因素吗？"等开放式问题。

✓ 确认与总结

在对话的某个阶段结束时，可以通过提问来确认双方的理解是否一致，并对之前的讨论进行总结。例如，"我们刚刚讨论了市场定位、用户群体和营销策略等方面，你觉得还有哪些需要补充或修正的地方吗？"

✓ 循环迭代

根据对方的回答和新的反馈，不断重复上述过程。通过这种方法，你可以更加全面和深入地了解问题，并找到更加准确和有效的解决方案。

来看几个不同场景下迭代式提问的使用案例。

例：旅游攻略

常规提问

迭代式提问

❓ 西双版纳有哪些好玩的地方？

❓（第一轮提问）我计划下周一去西双版纳旅游，请问有哪些景点是必去的，且性价比较高？

（第二轮提问）热带雨林公园和野象谷看起来很不错，但我对住宿和交通还有点疑问。请问在预算内，我可以选择哪些住宿类型？从机场到这些景点，怎么去最方便？

（第三轮提问）好的，那关于餐饮方面呢？西双版纳有哪些特色美食值得尝试，且价格合理？

（第四轮提问）我打算第一天到达后先到酒店休息，第二天去热带雨林公园，第三天去野象谷，第四天去傣族园，第五天返回。你觉得这样的安排合理吗？还有没有其他建议？

例：技术开发

常规提问

迭代式提问

❓ 我们需要开发一个新的功能模块，你能告诉我怎么做吗？

❓ 我们计划开发一个用于提升用户注册流程效率的功能模块，主要包括自动填写表单和验证用户信息的功能。你能给出一些初步的开发建议吗？

在需求分析阶段，我们如何确保收集到的需求是完整且准确的？另外，你提到的前端 JavaScript 框架和后端 RESTful API，我们有哪些具体的选择？

我们已经确定使用 React 作为前端框架和 Spring Boot 作为后端框架。在系统设计阶段，我们需要考虑哪些关键因素？另外，关于测试，你有什么具体的建议吗？

例：客户服务

Before **常规提问**

After **迭代式提问**

❓ 一位客户购买的产品出现故障，我作为客服，要怎么回复他？

❓ 一位客户购买的产品出现故障，他很着急，现在没办法描述清楚具体问题，我应该怎样安抚他，引导他回答我的问题？

客户已经明确描述故障，我要如何逐步引导他找到产品发生故障的原因？

现在已经找到产品发生故障的原

因，我为他提供了三种解决方案，请优化这份草稿，要求用 100 字左右，将方案清晰、明确地传达给客户。（解决方案，略）

例：作品解读

Before **常规提问**

After **迭代式提问**

❓ 杜甫的《登高》这首诗是如何表达情感的？

❓ 杜甫的《登高》这首诗表达的情感是什么？

作者为什么会产生这种情感？

这种情感在诗歌中是如何表达的？

你能找到表达同样情感的其他诗歌吗？

例：制订工作计划

Before **常规提问**

After **迭代式提问**

❓ 我今天的工作任务有三项：……
请帮我制订一份工作计划。

❓ 我今天的工作任务有三项：……
我想制订一份工作计划，应该从哪些方面着手？

请按照任务的重要程度、优先级、预计花费时间和完成标准，帮我生成一份工作计划，以表格呈现。

请在这个表格的基础上加入项目进度和复盘板块，生成一张新的工作计划表。

一、自学计划：目标达成过程更加具体

? 如何从零学会 Python ？

AI 明确目标：先确定学习目的（如掌握数据分析、Web 开发或自动化脚本等知识），针对性学习会更高效。

分阶段学习

阶段 1：基础语法（变量、条件语句、循环、函数、数据结构）。

阶段 2：简单项目实践（如制作计算器、待办清单），巩固基础。

阶段 3：进阶内容（面向对象编程、模块 / 库、文件操作、异常处理）。

阶段 4：结合目标学习专项库（如用 pandas 学数据分析、用 flask 学 Web 开发）。

动手实践：编程是技能，必须多写代码，遇到问题通过调试和查资料解决。

培养解决问题能力：善用搜索引擎（如直接搜索报错信息）、参与技术社区讨论。

? 有没有适合自学者的免费资源推荐？

AI **交互式学习平台**

Codecademy 平台上的 Python 免费课程：适合零基础的学习者，可

以边学边练。

Coursera 平台上的 Python for Everybody：密歇根大学课程，完整且免费。

书籍 / 文档

Python Crash Course 电子版（可搜免费资源）：实战导向。

Python Software Foundation 的官方文档：权威且全面。

Automate the Boring Stuff with Python：趣味实用项目教程。

视频教程

在 B 站搜索"Python 零基础"。

…………

? 能否提供一个每天学习 1 小时的学习计划？

AI 每天 1 小时的学习计划（4 周入门）

第 1~2 周：基础语法 + 小项目

第 1~3 天：安装 Python 和 IDE（如 Visual Studio Code），学习变量、数据类型、运算符（25 分钟学习 + 30 分钟练习）。

第 4~6 天：条件语句（if-else）、循环（for-while）……

第 7~10 天：函数、列表 / 字典操作……

第 11~14 天：文件读写、异常处理……

第 3 周：进阶 + 专项库

第 15~18 天：学习面向对象编程（类与对象）……

第 19~21 天：学习常用库……

第 4 周：实战项目

第 22~28 天：每天用 1 小时完成一个完整小项目，例如：……

每日学习计划示例

学习理论：25 分钟（视频 / 文档）。

写代码：30 分钟（按教程或自己设计）。

复盘：5 分钟（记录问题，复习笔记）。

关键点

坚持每天动手：哪怕只写 20 行代码。

从模仿开始：先复现别人的代码，再尝试修改和创新。

善用碎片时间：通勤时用手机 App（如 Sololearn）复习概念。

成就感驱动：每完成一个小目标，给自己正向反馈！

（以上内容由 DeepSeek-R1 生成，内容有删改）

二、营销策略：借助 AI 生成营销方案

❓ **AI 在营销中的主要应用有哪些？**

🅰️ *1.* **个性化推荐**：基于用户行为、购买历史等数据，通过算法（如协同过滤、深度学习）推荐商品或内容（如亚马逊的"猜你喜欢"）。

2. **客户细分与预测分析**：利用聚类算法划分用户群体，预测高价值客户或流失风险（如零售品牌预测用户购买意向）。

3. **智能广告投放**：通过实时竞价（RTB）和 AI 优化广告素材……

4. **聊天机器人与客服自动化**：用 NLP 技术处理常见咨询……

5. **内容生成与优化**：AI 生成广告文案、社交媒体内容……

6. **动态定价策略**：根据供需、用户行为实时调整价格……

❓ **有哪些品牌成功利用 AI 提升转化率？**

(AI) 亚马逊（Amazon）

应用：个性化推荐引擎贡献 35% 以上的销售额，通过用户浏览 / 购买数据实时优化推荐。

效果：转化率提升约 29%（数据来源：内部报告）。

奈飞（Netflix）

应用：推荐算法驱动 80% 的用户观看内容，减少用户选择成本。

效果：用户留存率提高 93%，间接提升订阅转化率。

星巴克（Starbucks）

应用：AI 预测用户偏好，推送个性化优惠券（如"星享俱乐部"App）。

效果：营销活动转化率提升 150%（数据来源：案例研究）。

…………

(?) 能否拆解一个案例，分析其具体策略？

(AI) 案例拆解：Netflix 如何用 AI 推荐策略提升用户留存率

1. 背景与目标

背景：用户面对海量内容难以选择，可能流失。

目标：通过精准推荐降低跳出率，延长观看时长，提升续订率。

2. 策略与技术实现

数据收集

用户行为数据：播放、暂停、评分、搜索、观看时长等。

内容数据：影片标签（类型、演员、导演、关键词）。

算法模型

…………

3. 效果与关键指标

推荐覆盖率：推荐内容占据用户观看时长的 80% 以上。

转化率：新用户首月续订率因推荐精准度提升……

搜索减少率：减少用户主动搜索时间……

4. 可复用的方法论

多维度数据融合：结合显性和隐性行为……

A/B 测试驱动迭代：每周测试不同算法版本……

场景化推荐：区分"下班放松"和"周末深度观看"……

总结：AI 在营销中的核心价值是"从千人一面到千人千面"，品牌需围绕用户生命周期（触达—转化—留存）设计营销策略，结合数据、算法和使用实验持续优化。

（以上内容由 DeepSeek-R1 生成，内容有删改）

注意

1. 使用迭代式提问，提问者需要不断地给予 AI 明确的反馈，这样才能让 AI 更精准地了解提问者的需求，从而持续优化答案。

2. 尽量提供与问题相关的信息，以便 AI 理解问题的背景、约束条件和相关因素，从而提高答案的相关性和适用性。

3. 迭代式提问注重迭代和逐步改进，提问者可以对 AI 生成的答案进行思考和调整，进一步优化提问，这样就可以逐渐接近最佳答案。

第三部分

精通：
充分发挥 AI 的威力

12. 约束提问：
精准获取所需内容

　　当所需内容的模板、框架、风格已经明确时，我们可以采用约束提问的方式，命令 AI 在特定的限制条件下生成内容。

　　例如，我们可以让 AI 参照一个固定的模板来撰写一段自我介绍，确保内容包含所有必要的信息并以特定的格式呈现；或者，我们可以要求 AI 按照给定的框架来编写一份工作报告，使其结构清晰、条理分明；我们还可以指定一个特定的句式，让 AI 依照这个句式来造一个句子，以满足特定的语言需求；此外，当需要将一段文案改写成特定的风格时，我们也可以让 AI 按照这种风格重新表述文案内容。

> **约束提问**就是让 AI 在给定的框架中，严格依据给定的模板以及特定的风格有限制地作答，从而满足提问者对特定内容的需求。

　　约束提问具备以下特征。

　　✓ **明确目的**

明确想要 AI 完成的任务或目标。这有助于我们设定更精确的约束条件。

　　✓ **明确约束条件**

明确模板、框架、风格等必要的约束条件。

例如，我们可以提供一个模板或框架，让 AI 按照它来生成内容。这可以是一个报告的大纲、一个故事的情节框架，或者是一个特定格式的文档。我们可以这样提问："请你按照[具体模板]的格式，为我生成[具体任务内容]。"

再比如，让 AI 依照特定句式造句，我们可以这样提问："请用[特定句式结构]的句式造一个句子，其中[关键元素描述]要满足[具体条件]。"具体提问案例："请用'如果……那么……'的句式造一个句子，其中关键元素'如果'后面的假设情况要具有一定的现实可能性，'那么'后面的结果要符合推理逻辑。"

我们还可以指定 AI 回答的风格和语调，比如正式、幽默、严肃、轻松等。

✅ 提供示例

我们可以给出一些示例来帮助 AI 更好地理解要求。

比如："请你仿照这个句子的风格和逻辑，再造一个新的句子：[示例]。"

又如："请基于以下数据报告（附上报告链接或摘要），分析 ×× 行业的市场趋势。"

来看几个不同场景下约束提问的使用案例。

例：改写文案

Before	常规提问	After	约束提问
	❓ 请改写以下文案："我们的软件更新后将提高系统稳定性，减少故障发生。"		❓ 请将以下文案改写成幽默轻松的风格："我们的软件更新后将提高系统稳定性，减少故障发生。"

例：写通知

常规提问

❓ 请写一份"国庆节放假通知"。

约束提问

❓ 请按以下框架写一份"2025 年国庆节放假通知"，要求：清晰、简明，充分表达公司对员工的关心。

一、通知标题

二、开头语：表达对即将到来的国庆节的期待或对国家的祝福等，引出放假通知的主题。

三、放假时间：10 月 1 日—10 月 8 日

四、注意事项

五、祝福语：送上对员工及其家人的美好祝福。

六、通知时间：2025 年 9 月 1 日

应用案例

一、项目管理：解决实际工作问题

❓ 我需要在三天内，独自完成市场调研分析报告，我应该如何规划时间？

🅰 完成市场调研分析报告是一项系统性的工作，需要合理规划时间以确保效率和质量。以下是一个三天时间规划的建议。

第 1 天

1.目标设定与计划制订（1 小时）

明确报告的目的和关键问题。

确定研究的范围和深度。

制定详细的时间表和任务清单。

2. 文献回顾与资料收集（3 小时）

收集相关的市场数据、行业报告、竞争对手分析等。

阅读和整理关键信息。

3. 初步分析（2 小时）

对收集到的数据进行初步分析，识别趋势和模式。

确定需要进一步深入研究的领域。

4. 问卷设计或访谈准备（1 小时）

…………

5. 数据收集（2 小时）

…………

第 2 天

1. 数据分析（4 小时）

使用统计软件或工具对数据进行深入分析。

…………

2. 撰写报告草稿（4 小时）

…………

第 3 天

…………

注意事项

· 保持灵活性，根据实际情况调整计划。

· 确保有足够的休息时间，避免疲劳影响工作质量。

· 如果可能，寻求同事或导师的反馈，以提高报告的质量。

这个时间规划是一个大致的框架，你可以根据实际情况进行调整。记得保持专注，避免同时处理多任务，这会分散你的注意力并降低效率。

（以上内容由 Kimi 生成，内容有删改）

二、文艺创作：生成特定风格的作品

❓ 请以古代的繁华都城为背景，描述一个发生在夜晚的神秘故事。故事中必须包含一座古老的寺庙、一个神秘的旅人以及一场突如其来的暴雨。

🅰️ 在古代的繁华都城长安，夜晚的灯火辉煌，人声鼎沸，但在这繁华的背后，隐藏着不为人知的神秘故事。

故事发生在一个名为"月影"的古老寺庙中。这座寺庙坐落在长安城的西北角，被一片茂密的竹林所环绕。寺庙的建筑古朴而神秘，传说它建于唐朝，历经数百年风雨，依旧屹立不倒。

一天夜晚，一个神秘的旅人来到了长安。他披着黑色的斗篷，面容被斗篷的阴影所遮盖，当他抬头时会露出一双深邃的眼睛，闪烁着智慧的光芒。他没有告诉任何人他的来历，只是默默地在城中游走，似乎在寻找着什么。

就在这时，一场突如其来的暴雨降临。雨势猛烈，仿佛天神在愤怒地倾泻着天河之水。街道上的行人纷纷寻找避雨之地，而那神秘的旅人却似乎对此毫不在意，他的步伐依旧坚定，径直走向了"月影"寺庙。

寺庙的大门在风雨中微微敞开，旅人推开门，踏入了这座古老的建筑。寺庙内点着几盏昏黄的油灯，映照出斑驳的墙壁和古老的佛像。旅人在佛像前跪下，开始默默地祈祷。

就在这时，一道闪电划破了夜空，紧接着是一声震耳欲聋的雷鸣。寺庙的后院突然传来了一阵奇怪的声音，像是有人在低语，又像是某种动物的嘶鸣。旅人站起身，缓缓走向声音的来源。

他穿过一条幽暗的走廊，来到了寺庙的后院。在暴雨的冲刷下，后院的地面上竟然出现了一个神秘的图案，像是某种古老的符文。旅人凝视着这个图案，眼中闪过一丝了然。

突然，一道光芒从图案中射出，照亮了整个后院。旅人的身影在光芒中逐渐变得模糊，最终消失不见。暴雨在这一刻也戛然而止，仿佛一切都未曾发生。

第二天，当人们再次来到"月影"寺庙时，发现寺庙的后院已经恢复了原样，而那个神秘的旅人也消失得无影无踪。人们纷纷猜测，那个旅人或许是一位寻找古老秘密的探险者，或许是一位穿越时空的旅者。但无论如何，这个夜晚的神秘故事，成了长安城中流传千古的传说。

（以上内容由 Kimi 生成）

注意

1. 使用约束提问让 AI 按指定风格生成内容时，我们先要确保 AI 了解该风格。我们可以问它"你是否了解 × × 风格"，如果回答是肯定的，则使用约束提出让 AI 生成内容；如果回答是否定的，则要给 AI 发送一些相关资料让它学习该风格，再通过约束提问使之生成指定风格的内容。

2. 约束提问一般会限制问题的范围，如果限制条件太多或太严格，则可能导致 AI 在回复中排除一些相关的信息，从而有损回复的广度和深度，因此我们要注意调整限制条件。

13. 对立提问：
抵御攻击和偏见

请试着代入一下这个场景：团队正在讨论下一季度的推广计划，你的一名下属非常自信地展示着自己的方案，却忽略了很多可能存在的风险与漏洞。如果你想通过提问引导他做出更加客观、全面的分析，你会怎么问？

提问一：小李，你的方案确定可行吗？

听你这么问，小李可能会猜测你对他没信心，可能不但不会反思，反而更加卖力地展现自己方案的优点与亮点，甚至会夸大事实或胡编乱造。

提问二：小李，你认为竞争对手会如何应对这份方案？你有没有想过他们可能会采取什么措施来阻止我们实施这份方案？

如果这么问，可以激发小李对方案中的潜在风险和漏洞进行思考，提高其思考水平和解决问题的能力，从而帮助对方制订出更加全面和可行的推广计划。

很显然，在这个场景里，提问二可以有效地帮助对方学会从不同的角度看待问题，避免陷入单一的思考模式或观点，从而更全面地理解问题，做出更明智的选择。

其实在这个场景里，你可以将小李看作 AI，而你作为提问者，运用对立提问，就能够获得想要的答案。

> **对立提问**是一种通过引入不同观点的信息来激发 AI 思考的提问方法。这种方法强调挑战、质疑，促使 AI 从新的角度看待问题，尽可能地避免产生偏见。

以下是对立提问的六大模式。

①反面思考模式。例如，如果这个想法 / 计划 / 决策失败了，会有哪些负面影响？

②反向思考模式。例如，如果目标完全相反，你会采取什么行动？有哪些不同的考虑因素？

③对比思考模式。例如，与其他类似的方案相比，这个计划有哪些优 / 劣势？

④反转思考模式。例如，如果站在对方的立场上，你会有哪些不

同的看法？

⑤对立观点模式。例如，如果有人持相反观点，会有哪些论据支持他们的观点？

⑥反问模式。例如，如果你的决策是错的，那么正确的做法是什么？

来看几个不同场景下对立提问的使用案例。

例：自动驾驶隐患剖析

Before	常规提问	After	对立提问
	❓ 自动驾驶技术能消除所有交通事故吗？		❓ 自动驾驶在哪些情况下仍然可能导致交通事故？有哪些不确定因素可能影响安全性？

例：平台不足应对

Before	常规提问	After	对立提问
	❓ 我们的远程医疗咨询平台如何提供更准确的医疗建议和诊断？		❓ 如果我们的远程医疗咨询平台在某些情况下无法提供与面对面咨询相同的诊断准确性，我们该如何确保患者的安全和满意度，并弥补这一不足？

一、家庭教育：让 AI 分析孩子的思考方式和行为习惯

? 如果我是一个不喜欢被限制的孩子，我会如何看待家长试图让我变得更加自律？

AI 如果作为一个不喜欢被限制的孩子，你可能会对家长试图培养你自律产生复杂的感受。以下是可能出现的几种心理反应，以及帮助双方找到平衡的一些建议。

一、孩子的视角：可能的感受

1. 被控制感

"为什么总要管我？"

如果家长用强硬的手段（比如设定严格的日程、惩罚机制）要求你遵守规则，你可能会觉得自己的自由被剥夺，认为自律只是"服从"的另一种说法，从而产生抗拒。

2. 自主权被忽视

"为什么不能让我自己决定？"

你可能会觉得家长没有尊重你的意愿和节奏，认为他们的方法缺乏灵活性，甚至怀疑他们是否信任你。

…………

二、如何让"自律"变得可接受

1. 理解自律的本质

自律不是"被限制"，而是学会用自由做对自己真正重要的事（比如腾出时间做热爱的事情）。可以尝试和家长沟通："如果我证明自己能安排好时间，是否可以减少干涉？"

2. 争取协商空间

……………

三、给家长的建议（孩子的潜台词）

如果家长能做到这些，孩子可能更愿意配合。

"请解释为什么需要自律。"

不要只说"为你好"，而是具体说明自律如何帮助孩子……

"给孩子选择权。"

例如："你可以选择先写作业再玩游戏，或者先运动半小时再学习，你更想怎么安排？"

……………

四、关键：找到自律与责任的平衡点

真正的自律不是被强迫的，而是意识到"我的选择会带来怎样的结果"。如果家长能尊重你的独立性，同时引导你为自己的行为负责（比如让你承担晚睡导致第二天疲惫的后果），你可能会更主动地尝试自我管理。

而作为孩子，也可以主动向家长传递一个信号："我需要你们的支持，而不是控制。请相信我能在尝试中成长。"这种坦诚的沟通往往是打破僵局的好方法。

（以上内容由 DeepSeek-R1 生成，内容有删改）

二、商业谈判：让 AI 辅助制定谈判策略

❓ 背景：我们是专注于太阳能技术研发的初创企业，正在与能源巨头 D 公司谈判，旨在共同开发一个大型太阳能发电站。我们公司拥有先进的太阳能板技术和高效的能源管理系统，而 D 公司则有广泛的行业资源、强大的资金实

力和成熟的电网接入能力。

如果假设 D 公司对我们的技术持保留态度，或认为市场上存在其他更具吸引力的太阳能技术选项，其可能会提出哪些替代方案及潜在顾虑？我们该如何调整谈判策略，以应对这些潜在挑战，并强调与我们合作的独特价值？

在与 D 公司的谈判中，对方可能提出的替代方案及潜在顾虑，以及我们的应对策略建议如下。

一、D 公司可能提出的替代方案及潜在顾虑

1. 技术验证要求

可能要求：先进行小规模试点，验证技术效率和稳定性。

潜在顾虑：担心新技术未经大规模验证，存在运营风险。

2. 股权或控制权要求

可能要求：以技术入股或让渡部分项目决策权以换取资源支持。

潜在目的：降低合作风险，增强对项目的掌控力。

3. 排他性条款限制

可能要求：要求我方承诺不与其他能源公司合作同类项目。

潜在目的：垄断技术优势，但可能压缩我方市场空间。

4. 成本分摊方案

可能要求：我方承担部分前期研发或设备成本。

潜在顾虑：认为初创企业技术成本可能高于市场平均水平。

5. 对标其他技术

可能质疑：与薄膜太阳能、聚光光伏等技术相比，我方技术的差异化价值。

潜在目的：压低合作条件或技术估值。

二、谈判策略调整：强化合作价值与降低风险感知

1. 证明技术优势，量化经济性

行动建议：

提供第三方认证的太阳能板效率数据（如转换率＞25%）、衰减率（如每年衰减率＜0.5%）等硬指标……

话术示例：

"我们的能源管理系统可将弃光率从行业平均水平的 5% 降至 2%，结合 D 公司的电网接入能力，每年可为项目额外增加×××万元收益。"

2. 灵活合作模式设计

接受分阶段合作：……

提出收益分成模式：……

开放部分技术接口：……

3. 强调互补性战略价值

资源互补：……

政策红利：……

品牌协同：……

4. 主动应对竞品技术质疑

差异化对比：……

场景适配性说明：……

5. 底线与让步策略

（1）可让步点

试点阶段接受较低利润分成；

允许 D 公司参与能源管理系统的本地化定制。

（2）不可让步点

核心技术的知识产权归属；

长期合作中的技术迭代主导权。

三、风险预案：针对极端情况的备选方案

1. 若 D 公司坚持要求买断技术：……

2. 若 D 公司引入第三方技术供应商：……

3. 若谈判陷入僵局：……

四、关键谈判工具准备

1. 技术白皮书：包含第三方测试报告、专利清单、典型项目案例。

2. 财务模型：动态展示不同合作模式下的 D 公司收益。

3. 政策汇编：地方政府对高效光伏项目的扶持政策清单。

4. 竞争对手分析表：重点标注我方技术不可替代的 35 项优势。

通过以上策略，我们可将谈判焦点从"技术风险"转向"合作增值"，利用 D 公司的资源放大技术价值，同时以灵活性换取长期合作机会。最终目标是让 D 公司意识到：选择我们不仅是选择一项技术，更是选择一个系统性解决方案提供商。

（以上内容由 DeepSeek-R1 生成，内容有删改）

注意

1. 可以设计两个或多个相互对立的情境或假设，让 AI 分别进行分析和回答。

2. 可以在对立提问中引入具体案例或数据，使问题更加具体和生动。这有助于获得更具针对性和实用性的回答。

3. 根据回答和反馈，不断调整和优化提问方式。反复尝试和迭代，找到最适合当前情境和需求的对立提问策略。

14. 循环提问：
让 AI 自动升级

在雕刻一件艺术品时，雕刻师不会一刀完成所有的细节，而是一刀一刀地精细打磨，将石块逐渐变成艺术品。

面对一块未经雕琢的石头，首先进行粗略的雕刻，去除多余的部分，让雕像的大致轮廓显现出来。但这时有些地方还不够完美，需要进一步修饰。于是雕刻师拿起更精细的工具，开始在上一次雕刻的基础上进行精雕细琢。每一次的雕刻都是对前一次作品的改进和提升，雕刻师不断地观察、思考、调整，直到雕像的每一个细节都符合其审美标准。

在雕刻艺术品时，每一次雕刻都是在前一次的基础上进行的，使得作品更加完善、更加精美。同样，使用 AI 进行循环提问的过程，像是在一次次地"打磨"答案，让答案变得更加贴合用户的需求和标准。

> **循环提问**是一种通过反馈结果，不断优化问题并改进 AI 的答案的提问方式。其核心是通过不断地修改和细化问题，从而得到更准确、更满意的答案。这个过程涉及对 AI 的初步回答进行评估，并根据不足之处或新的需求对问题进行调整。通过这一过程，逐步提高问题的精确性和复杂度，从而获得更优的解决方案。

循环提问的步骤如下。

① 向 AI 提问，要求 AI 给出一个答案。

② 观察结果。

③ 再次对 AI 提问："接下来请你给出一个更好的方案，并且解释新方案为什么更好。"

④ 重复第 2 步和第 3 步，直到得到满意的结果或无法继续改进为止。

通过循环提问，用户能够引导 AI 给出更精确、实用的答案，满足自身的需求。

例：写诗

> ❓ 请你写一首诗，主题是春天。
>
> ---
>
> 🅰️ **春日**
>
> 春日融融万物苏，柳丝轻拂绿波湖。
>
> 桃花含笑迎新客，燕子衔泥筑旧庐。
>
> 风暖花香人欲醉，云开日丽景如初。
>
> 闲来漫步寻佳句，一曲清歌入画图。
>
> ---
>
> ❓ 请你给出一个更好的版本，要求结果比这首诗更有创意和感情，并且解释为什么更有创意和感情。
>
> ---
>
> 🅰️ **春日绮梦**
>
> 细雨绵绵润无声，春风吹醒梦中城。
>
> 千山着绿舞新翠，万水含情映日明。
>
> 花下蝶飞情意重，枝头鸟语话生平。
>
> 心随芳草天涯去，一任相思染满膺。
>
> 创意和感情解析：……

❓ 请你给出一个更好的版本，要求结果比这首诗更符合现代人的审美和情感，并且解释为什么更符合现代人的审美和情感。

🅰️ **春日独白**

晨曦微露，春轻吻窗棂，

梦中人醒，满室皆是新生。

屏幕微光，映着窗外绿意，

指尖轻滑，翻阅春的诗集。

街头巷尾，花语轻轻诉，

不仅是花与树，人心亦复苏。

耳机里，旋律轻绕着春愁，

每一步，都踏着希望的节奏。

审美和情感解析：……

（以上内容由文心一言生成，内容有删改）

例：设计品牌 logo

❓ 请你帮我设计一个咖啡店的 logo，要求简洁、有吸引力。

🅰️

❓ 你刚才给出的 logo 虽然简洁、有吸引力，但是有点普通。下面请你给出一个更好的版本，要求比刚才的 logo 更有创意和个性。

🅰️

❓ 你刚才给出的 logo 比较有创意，下面请你给出一个更好的版本，要求比前一个 logo 的颜色更丰富。

🅰️

（以上内容由腾讯元宝生成）

针对 AI 每一次给出的答案，用户都可以再次提问并观察结果。用户可以根据自己的满意程度，决定是继续提问还是结束提问。

一、教学培训：教学内容优化

❓ 什么是三角函数？

🅰 三角函数是数学中一类重要的函数，它描述了直角三角形中边与角之间的关系。具体来说，三角函数通常是在直角三角形中定义的，其中一个角是直角，另外两个角是锐角（但在三角函数的现代应用中，角度的概念已经扩展到任意实数，甚至是复数）。

⋯⋯⋯⋯

❓ 你刚才给出的定义有点难懂，下面请你给出一个简单的版本，要求容易理解。

🅰 想象一下你手里有一个直角三角形，现在，我们关注其中一个锐角，我们叫它 θ。

三角函数就是用来描述这个角 θ 和三角形的边之间的关系的数学工具。

正弦（Sine）函数：当你看着这个角 θ，从角的顶点出发，有一条正对角 θ 的边，这条边的长度除以斜边（直角正对的边的那条边）的长度，就是 $\sin\theta$ 的值。你可以想象成"对边除以斜边"。

余弦（Cosine）函数：还是看着这个角 θ，但这次我们看与角 θ 相邻的那条直角边⋯⋯

正切（Tangent）函数：这次我们不用斜边了。我们直接看角 θ 的对边和角 θ 相邻的直角边的关系⋯⋯

❓ 请在此基础上给出一个更简单的版本，要有具体案例说明。
....

Ⓐ ....

二、冲突解决：让 AI 协助解决伴侣纠纷

❓ 我和我的女朋友经常因为生活习惯发生冲突，我该怎么办？
....

Ⓐ **一、沟通是关键**

保持冷静

在冲突发生时，情绪很容易变得激动。激动的情绪只会让冲突升级，所以首先要做的是让自己冷静下来。例如，当你感觉怒火中烧的时候，可以先做几次深呼吸，在心里默数几个数，或者暂时离开现场，等情绪平复后再进行沟通。

比如，你和女朋友因为家里东西的摆放位置产生分歧，你很烦躁……

倾听对方观点

....

二、寻找共同点

确定共同目标

....

❓ 下面请你给出一个更具体的方案，要求实用性比前面的更强。
....

Ⓐ **一、关于作息时间**

沟通协商

找一个合适的时间，和女朋友坐下来，心平气和地讨论作息时间的问题。先表达对她的关心……

倾听她的想法和需求，也许她是因为工作原因才会晚睡……

制定规则

根据双方的工作情况和习惯，制定一个合理的作息时间表。比如……

如果一方有特殊情况需要熬夜，比如要完成紧急工作任务……

互相监督

可以在手机上设置作息提醒，到了睡觉时间，互相提醒对方……

如果一方没有遵守作息时间，另一方可以用温和的方式提醒，比如……

二、关于家务分担

列出清单

一起坐下来，把家里需要做的家务列成一个详细的清单，包括日常清洁（扫地、拖地、擦桌子、洗碗等）、洗衣做饭、整理衣物、倒垃圾等。

…………

（以上内容由讯飞星火生成，内容有删改）

注意

1. 逐步深入：在循环提问过程中，要逐步深入描述问题的细节，使 AI 能够更好地理解提问者的需求，从而提供更贴切的答案。

2. 判断答案质量：认真评估 AI 给出的答案，判断其是否满足自己的需求。如果对答案不满意，可以尝试调整问题以获得更好的答案。

3. 保持耐心：AI 可能需要一定时间来理解问题和提供满意的答案，在循环提问过程中，用户要保持耐心，不要急于求成。

15. 信息整合提问：
高效整合信息并解决问题

在拼图游戏中，每块拼图代表一部分信息，这些单独的碎片看似不完整，但将它们拼接在一起，最终就能形成一个完整的画面。

这就像在面对复杂问题时，仅靠单一信息来源很难快速找到有效的解决方案。我们需要通过"拼合"多种信息碎片，构建出更全面、更精准的理解框架，帮助我们更好地解决复杂问题。

> **信息整合提问**就是一种综合性的提问方式，它要求从多个来源、领域或视角收集和分析信息，以构建一个全面、多维度的理解框架。这种方法旨在通过整合分散的信息和观点，帮助用户深入理解特定问题或主题。

在进行信息整合时，可以从以下几个角度考虑。

⊘ 主题

按照特定的主题进行信息整合。例如，要了解某个科技领域的发展，我们可以收集相关的科技新闻、研究论文、专家观点等，让 AI 将它们整合在一起，从而为我们提供该领域的综合信息。

⊘ 时间

按照时间顺序对信息进行整合，这有助于我们了解某事件或主题的演变和发展过程。我们可以查找历史资料、新闻报道、研究报告等，让 AI 按照时间顺序整理并分析它们，从而为我们提供全面的信息。

✓ 观点

按照不同的观点进行信息整合，这有助于我们了解有关一个问题或主题的不同看法。我们可以收集不同作者、专家或团体的观点、研究成果、评论等，让 AI 对它们进行整合和分析。

✓ 跨学科

从多个学科的角度整合信息。当某些问题或主题涉及多个学科时，我们可以收集来自不同学科的相关文献、研究报告、专家意见等，让 AI 将它们整合在一起，形成跨学科的综合信息。

✓ 媒体

从不同的媒体渠道整合信息。对于某个事件或主题，不同的媒体平台可能报道和呈现不同的信息。我们可以收集来自不同媒体的相关信息，提供给 AI，让 AI 对其进行整合和比较，以获取更全面和多样化的信息。

我们可根据自身需求和信息来源的特点，整合以上这些角度。

要想更高效地解决问题，达成目标，获取信息是基础，而整合信息是关键。掌握了信息整合提问，就掌握了获取知识、解决问题的关键能力。

想象这样的场景：你正在给一个新项目做前期调研，需要分析两家竞争对手公司的相关信息。

以下是 3 种向 AI 提问的方式。

问答一：

❓ 请帮我搜集竞争对手苹果公司、三星公司的基本信息。

··

🅰 **苹果公司（Apple Inc.）**
基本信息

成立于 1976 年，总部位于美国加利福尼亚州库比蒂诺。

以设计、制造和销售消费电子产品、计算机软件和在线服务为主。

主要产品包括 iPhone、iPad、Mac 电脑、Apple Watch、Apple TV 等。

市场份额

············

竞争优势

············

市场策略

专注于高端市场，通过创新技术和优质用户体验保持竞争力。

通过苹果零售店、在线商店和授权经销商进行销售。

三星公司（Samsung Electronics）

基本信息

成立于 1938 年，总部位于韩国首尔。

是全球最大的电子产品制造商之一 ……

主要产品包括 Galaxy 系列智能手机、Galaxy Tab 平板电脑……

············

竞争格局

苹果和三星是全球智能手机市场的两大巨头，二者在高端市场竞争激烈。

············

问答二：

❓ 请告诉我竞争对手苹果公司和三星公司的市场份额、产品特点和价格策略。

以下是苹果公司和三星公司在市场份额、产品特点和价格策略方面的最新信息。

苹果公司（Apple）

1. 市场份额

2024 年全年，苹果在全球智能手机市场的份额为 18%，位居第二。

2024 年第四季度，苹果以 23.2% 的市场份额超越三星，位列全球第一。

2. 产品特点

高端定位：苹果的产品以高端市场为主，iPhone 16 系列……

技术创新：2024 年，苹果在 iPhone 16 系列中引入了……

生态系统：苹果通过 iOS 操作系统和各类服务……

3. 价格策略

苹果的产品定价较高，2024 年其平均售价……

尽管价格较高，但苹果通过高端产品……

三星公司（Samsung）

1. 市场份额

2024 年全年，三星在全球智能手机市场的份额为 19%，位居第一。

2024 年第一季度，三星以 20% 的市场份额重回全球榜首。

2. 产品特点

多样化产品线：三星的产品覆盖高中低端市场，Galaxy S 系列……

…………

3. 价格策略

…………

总结

苹果和三星在全球智能手机市场中占据重要地位，二者在高端市场的竞争尤为激烈。

…………

问答三：

❓ 请按照市场份额、产品特点和价格策略分别对竞争对手苹果公司和三星公司进行比较，用表格形式展示。

🅐

方面	苹果公司	三星公司
市场份额	全球智能手机市场：25%~28.38% 高端市场（600美元以上）：66% 美国市场：40%~45% 欧洲市场：较强竞争力	全球智能手机市场：20%~22.82% 高端市场：折叠屏系列表现突出，但整体低于苹果 新兴市场：中低端产品占据较大份额
产品特点	高端定位：…… 技术创新：……	多元化产品线：…… 技术领先：……
价格策略	高端定价：…… 撇脂定价：…… 品牌溢价：……	灵活定价：…… 市场覆盖：…… 成本控制：……

在这个场景中，采用第一种提问方式只能获得两家公司的基本信息；第二种提问方式在第一种提问方式的基础上对要获取的信息做了分类，这有利于 AI 整合信息，帮助提问者加深对竞争对手的了解；第三种提问方式在第二种提问方式的基础上要求 AI 对不同的板块进行整合对比，并用表格形式展示，有利于提问者针对不同对手制定相应的策略。

一、投资决策：让 AI 帮你分析股票投资价值

投资是一件收益与风险并存的事，须格外谨慎。AI 给出的建议只能作为参考。

> ❓ 从财务数据、产品线、创新能力、竞争对手等方面，帮我分析苹果公司股票的投资价值。

> 🅰 分析苹果公司股票（AAPL）的投资价值，需要综合考虑其财务健康度、产品线布局、创新能力、市场竞争地位及潜在风险。以下是基于当前（截至 2023 年）情况的系统性分析。
>
> **一、财务数据分析**
>
> **1. 收入与利润表现**
>
> 营收结构：iPhone 仍为核心收入……
>
> 现金流：2023 年第三季度自由现金流达 210 亿美元……
>
> 利润率：硬件毛利率约 36%……
>
> **2. 抗风险能力**
>
> 尽管全球经济疲软，但苹果公司凭借品牌溢价……
>
> **二、产品线竞争力**
>
> **1. 硬件产品矩阵**
>
> iPhone：占全球高端手机市场 75% 份额……
>
> 可穿戴设备：Apple Watch 和 AirPods 主导市场……
>
> Mac 与 iPad：M 系列芯片提升性能优势……
>
> **2. 服务业务**
>
> 订阅用户数超 10 亿元，服务收入年复合增长……

三、创新能力评估

1. 技术研发投入

2023 年研发支出达 300 亿美元⋯⋯

2. 未来增长点

AR/VR：Apple Vision Pro 若成功普及⋯⋯

健康与 AI：整合健康数据的 AI 应用⋯⋯

印度与东南亚市场：供应链转移和本地生产成本降低⋯⋯

四、竞争对手

1. 硬件领域

智能手机：⋯⋯

PC 与平板电脑：⋯⋯

可穿戴设备：⋯⋯

2. 服务与生态

⋯⋯⋯⋯⋯

五、风险因素

⋯⋯⋯⋯⋯

六、估值与投资建议

当前估值：市盈率约 30 倍（2023 年），高于纳斯达克平均市盈率（25 倍）⋯⋯

短期：需关注 Apple Vision Pro 市场反馈和 iPhone 15 系列销量；

长期：若 AI、AR 技术突破，服务业务营收持续增长⋯⋯

结论：苹果公司股票是兼具稳定性与增长潜力的核心资产，适合长期持有，但需警惕创新放缓。建议逢低配置，关注技术突破和新兴市场进展。

（以上内容由 DeepSeek-R1 生成，内容有删改）

二、旅游规划：综合对比信息，规划旅游行程

❓ 针对即将到来的国庆节长假，请整合马蜂窝、携程、去哪儿网的旅游信息，分析旅游景点、住宿、交通和餐饮等方面的信息，为我推荐一个适合一家三口出游的目的地并规划行程安排。

🅰️ 根据马蜂窝、携程、去哪儿网三大平台近期的旅游热度数据和用户评价，结合国庆节家庭出游需求（亲子友好、交通便利、活动丰富、避开人潮），我为您推荐青岛作为目的地。以下是整合分析的推荐方案。

一、目的地推荐理由

1. 景点丰富度

八大关（马蜂窝评分 4.8）：融合欧式建筑与自然景观，适合家庭拍照漫步。

青岛海底世界（携程亲子榜 TOP3）：可满足为孩子科普海洋生物的需求。

金沙滩（去哪儿网"国庆必去海滩"推荐）：沙质细腻，适合亲子戏水。

崂山风景区（三平台综合评分 4.7）：提供轻徒步路线，适合全家登高观海。

2. 住宿性价比

市南区／崂山区家庭民宿（携程评分 4.6）：价格 400~600 元／晚，多配备厨房和儿童设施。

高端选择：××大酒店（去哪儿网亲子服务 TOP1），含儿童泳池和托管服务。

3. 交通便利性

高铁直达（北京／上海／杭州，4~6 小时），机场至市区地铁 1 小时。

景点间地铁覆盖率达 80%，打车价格 15~30 元（滴滴数据）。

4. 餐饮特色

云霄路美食街（马蜂窝本地人推荐）：海鲜现挑现做，人均 80~120 元。

××水饺（三平台必吃榜）：提供儿童餐，适合家庭用餐。

二、5 天 4 晚行程规划

第 1 天：城市文化初体验

上午：乘高铁／飞机抵达→入住市南区民宿。

下午：栈桥（免费）→青岛邮电博物馆（亲子手工体验）。

…………

三、国庆避峰贴士

………

四、预算参考

…………

（以上内容由 DeepSeek-R1 生成，内容有删改）

三、观点分析：全面解读问题或事件

❓ 对于 AI 是否会替代人类，请从学术论文、新闻报道、社交媒体中收集观点，并进行分类整理，概述争议焦点以及各自的可靠性评估。

🅰️ AI 是否会替代人类？观点分类及可靠性评估如下。

一、观点来源及分类

以下观点整理自学术论文、新闻报道及社交媒体，分为支持替代论、反对替代论和中立／部分替代论三类。

分类	核心观点
支持替代论	AI 将全面或部分替代人类工作，甚至威胁人类地位
反对替代论	AI 不具有人类创造力、情感和复杂决策能力，更多是工具而非替代者
中文／部分替代论	AI 替代部分低技能岗位，但需人类监管，需适应社会

二、争议焦点分析

1. 就业影响

支持替代论：牛津研究预测 47% 美国岗位将被 AI 替代，如制造业、客服。

反对替代论：麻省理工学院反驳称技术落地成本高，新职业（如 AI 训练师）涌现。

中立观点：AI 会替代重复性工作，但在医疗、教育等领域需与人类协作。

2. 伦理与风险

支持替代论：……

反对替代论：……

中立观点：……

3. 技术瓶颈

…………

4. 社会适应性

…………

三、可靠性评估

来源类型	可靠性	局限性
学术论文	高（数据驱动，同行评审）	研究周期长，部分理论脱离现实场景（如 AGI 假设）
主流新闻	中（事实核查，但可能简化或具有倾向性）	追求时效性，深度不足（如夸大"AI 取代医生"标题）
社交媒体	低（以个体经验为主，情绪化）	信息碎片化，存在误导性内容（如"AI 已具备意识"谣言）

四、结论

1. 替代范围有限

当前 AI 主要替代规则明确、创造性要求低的岗位……

2. 核心争议点

技术奇点的可能性、社会不平等加剧、伦理失控风险。

3. 关键应对措施

…………

最终判断：AI 更可能成为"增强人类"的工具，而非替代者，但需警惕技术滥用和社会分化风险。

（以上内容由 DeepSeek-R1 生成，内容有删改）

注意

1. 判断信息相关性：如果发现答案包含与问题不相关的信息，请调整问题描述，以获得更准确的答案。

2. 多角度提问：尝试从不同的角度提问，比较各个答案的异同，以获得更全面和客观的结论。

3. 多角度分析：从多个角度审视 AI 给出的答案，以便发现潜在的问题，这有助于做出更全面的判断和更明智的决策。

4. 信息源可靠性：AI 整合的信息可能来自不同的网站、数据库和平台，因此，要关注信息源的可靠性，确保 AI 整合的信息是准确、权威和及时的。

16. 复合型提问：
多维度获取信息

某杂志刊登了一篇关于某个科技公司发布最新产品的报道，你需要向一位看过这篇报道的同事打听产品的相关信息。应该如何提问呢？

提问一：这篇报道提到了什么最新产品？

如果这么问，你能获取的信息非常有限。

提问二：这篇报道提到了哪个科技公司的最新产品？产品的名称是什么？（基本信息维度）

新产品具备哪些独特的功能或技术特点？（技术细节维度）

这个新产品预计会对市场产生怎样的影响？是否有竞争对手？（市场影响维度）

报道中是否提到了用户对新产品的反馈或评价？（用户体验维度）

提问二能确保你全面了解那篇报道的信息。相比之下，提问一为单一问题，无法涵盖更多维度的信息。

在这个场景里，提问二使用了复合型提问，提问者从多维度入手，提出更具体的问题，从而获得更全面和更准确的答案。

> **复合型提问**是提问者通过一系列相互关联且层次递进的问题，引导 AI 从多个维度深入探究某一主题或事件，以获取全面、详细且深入的回答的提问方式。

好的复合型提问通常由一系列精心构建的问题组成，它们之间逻辑清晰、相互支持，能够引导 AI 系统地回答，从而提供全面而深入的见解。

那么，如何进行复合型提问呢？以下是一些具体的技巧。

✅ 确定主题或事件

首先明确你想要探究的主题或事件，作为提问的出发点。例如，你想要了解新能源汽车的市场趋势。

✅ 构建问题链

从基本信息开始，逐步深入技术细节、市场影响、用户体验等多个维度。看一下这个例子。

基本信息："当前新能源汽车市场的主要参与者有哪些？"

技术细节："这些新能源汽车品牌各自采用了哪些核心技术来提升续航能力和驾驶体验？"

市场影响："新能源汽车的普及对传统汽车行业产生了哪些影响？市场份额有何变化？"

用户体验："消费者对新能源汽车的满意度如何？有哪些常见的问题和改进建议？"

✅ 保持逻辑清晰

确保问题之间逻辑清晰，前一个问题的答案能为后一个问题提供背景信息。这样可以使回答者更容易理解和回答。

✅ 引导深入探讨

通过问题的设计，引导回答者不仅回答表面现象，还探讨背后的原因、机制和影响。例如，可以询问："为什么新能源汽车的续航能力成为消费者关注的焦点？这对汽车制造商提出了哪些挑战？"

✅ 结合具体情景

如果可能，将问题与实际情境相结合，以便更具体地讨论问题。例如，可以询问："以 ××× 为例，它是如何通过技术创新和品牌建设在新能源汽车市场中脱颖而出的？"

✅ **鼓励开放思考**

在提问过程中，可以适当加入一些开放性问题，鼓励回答者自由发挥和深入思考。例如："你认为未来新能源汽车市场的发展趋势会是怎样的？有哪些潜在的机会和挑战？"

✅ **总结与反馈**

在提问结束后，可以请回答者进行简要总结，并询问是否有其他相关问题或需要进一步探讨的问题。这样不仅可以确保信息的完整性，还可以促进双方的深入交流和理解。

来看几个不同场景下复合型提问的使用案例。

例：评价电影

Before 常规提问	After 复合型提问
❓《星际穿越》这部电影怎么样？	❓《星际穿越》得到了哪些积极的评价？（影片评价维度） 《星际穿越》的剧情有何特点？是否有悬疑元素？（剧情维度） 导演在这部电影中有何独特的创作风格？（导演风格维度） 主演的表演如何？是否有令人印象深刻的表演？（角色表演维度） 电影的视觉效果如何？是否有令人印象深刻的特效场景？（视觉效果维度）

例：推荐酒店

Before

常规提问

❓ 上海迪士尼附近有哪些不错的酒店？

After

复合型提问

❓ 请从地理位置、服务质量、房间设施、餐饮体验几个方面综合评估，为我推荐上海迪士尼附近的酒店。

应用案例

学术研究或论文撰写：让 AI 全面且深入地分析案例

❓ 请详细阐述人工智能在医疗领域的具体应用案例，包括这些应用的技术原理、实施效果、面临的挑战以及未来发展趋势。

🅰️ 人工智能在医疗领域的应用正深刻改变传统诊疗模式，被应用于疾病预防、诊断、治疗及管理全流程。以下从六大核心领域展开阐述。

一、医学影像智能分析系统

1. 技术实现：基于卷积神经网络（CNN）构建的 ResNet、UNet 等模型，通过迁移学习在有限医学数据中实现高精度特征提取……

…………

二、临床辅助决策支持

1. 知识图谱构建：IBM Watsonx 通过自然语言处理（NLP）技术解析 3000 万篇医学文献……

…………

三、药物研发革命

1. 计算生物学突破：DeepMind 的 AlphaFold2 通过注意力机制和残

差网络……

…………

四、个性化精准医疗

1. 基因组学分析：Illumina 的 DRAGEN 平台采用 FPGA 加速实现全基因组分析……

…………

五、医疗机器人进化

1. 手术机器人改进：达·芬奇 Xi 系统通过 7 自由度机械臂实现 0.1mm 级操作精度……

…………

六、医院智慧化转型

1. 资源调度优化：浙江大学医学院附属第一医院部署的……

…………

核心挑战与发展趋势

…………

（以上内容由 DeepSeek-R1 生成，内容有删改）

注意

1. 确保提出的问题在维度上具有多样性。避免提问过于单一或集中在特定方面，要探索主题的不同维度和层面。

2. 使用复合型提问后，需要检查 AI 所生成内容的准确性和可读性，并根据需要进行修改。

第四部分

高手：
突破 AI 思维瓶颈

17. 批判提问：
帮用户识别潜在风险

设想这样一个场景：你的公司正在考虑引入一款新的智能营销软件。软件供应商声称："我们的系统可以在两个月内将你们的客户转化率提高 50%。"

如果你直接接受这个承诺，可能会忽略潜在的风险和不确定性。

但如果你这样问："你们的系统是如何实现客户转化率提高 50% 的？有没有成功案例？如果达不到这个目标，主要的风险点是什么？"

那么，讨论就从单纯的愿景变成了对方案可行性的审视，避免盲目乐观。

> **批判提问**就是在面对信息或决策时，通过深入挖掘逻辑漏洞、数据和可能的风险，帮助用户做出理性的判断的提问方式。

批判提问不仅能帮助我们分析商业决策，还能防止 AI 输出错误或片面的信息，确保获得高质量的答案。

使用批判提问的技巧包括以下几个。

✅ 追问数据来源（确保信息可靠性）

面对数据或者结论时，可以这样问：

"这个数据的来源是什么？"

"这些结论基于哪些研究或案例？"

"有没有相反的研究结果？"

✓ 假设极端情况（发现潜在风险）

如果一个决策听起来完美无缺，可以通过极端情况来测试它的可行性。

例如：

"如果市场突然变化，这个方案还能成功吗？"

"如果预算减少 50%，这个项目还能正常推进吗？"

"如果用户数量增长过快，系统能否承受负载？"

✓ 反向验证（挑战假设的合理性）

有些说法看似正确，但是否真的成立？可以进行反向验证。例如：

"有没有案例显示，采用相反策略也能成功？"

"如果这个方案真的有效，为什么竞争对手还没有采用？"

✓ 识别遗漏信息（找出未被讨论的关键点）

有些情况下，决策时只考虑了显而易见的方面，而忽略了隐性方面。

例如：

"除了刚才我们讨论的短期影响，这个方案带来的长期的影响有哪些？"

"除了直接成本，还有哪些隐性成本？"

✓ 比较多个选项（避免单一视角）

当 AI 或对方给出一个解决方案时，可以用对比的方式寻找更优选项。

"有没有其他方法可以达到相同目标？"

"不同策略的风险和收益分别是什么？"

以下是几个不同场景下批判提问的使用案例。

例：投资分析

Before 常规提问	After 批判提问
❓ 这家公司的股票值得投资吗？	❓ 这家公司的增长预测基于哪些数据？如果市场环境变化，股价是否仍然稳定？

例：信息验证

Before **常规提问**

❓ AI 推荐的学习方法有效吗？

After **批判提问**

❓ 这些学习方法是基于哪些研究？是否适用于不同类型的学习者？

例：市场判断

Before **常规提问**

❓ 这个市场值得进入吗？

After **批判提问**

❓ 该市场的进入壁垒是什么？是否有过往失败的企业案例？

应用案例

一、商业决策：帮助识别决策中的潜在风险

❓ 我们公司在新能源汽车电池回收市场进行了大规模投资，原计划 5 年收回成本并取得盈利。如果该市场增速放缓，我们的回报周期会受到多大影响？

🅰 如果新能源汽车电池回收市场增速放缓，公司的回报周期可能会显著延长，具体影响程度取决于多个关键因素的综合作用。以下是系统性分析及应对建议。

一、直接影响回报周期的核心因素

1. 市场需求减少

电池报废量减少：若新能源汽车销量增速低于预期，动力电池退役量将延后减少（通常电池寿命为 5~8 年），直接导致可回收资源规模缩减。

价格降低：需求不足可能引发回收企业间竞争加剧，压低电池残值收购价和再生材料的销售价格，压缩利润空间。

2. 收入增速放缓

…………

二、回报周期延长的量化模拟

…………

三、应对策略建议

1. 成本优化

…………

2. 多元化收入

…………

3. 政策与资本杠杆

…………

四、风险预警指标

关键监测数据：

动力电池退役量增速（行业报告）

碳酸锂 / 钴现货价格（上海有色网）

工信部白名单企业产能利用率

结论

若市场增速腰斩（如从 25% 降至 12%），回报周期可能延长 40%~60%（从 5 年增至 7~8 年）。建议通过技术降本、梯次利用和碳资产运营对冲风险，同时动态调整产能、扩张节奏。在悲观情景下，需预留至少 18 个月的现金流。

（以上内容由 DeepSeek-R1 生成，内容有删改）

二、个人发展：在进行职业规划时，避免片面决策

? 我的专业是新闻学，攻读硕士学位是否是进入我理想职业领域的必要条件？如果没有硕士学位，是否有其他途径可以实现我的职业目标？

AI 对于新闻学专业的学生而言，攻读硕士学位是否是职业发展的必要条件，取决于你的具体职业目标、行业趋势以及个人能力。以下从不同角度分析，并提供替代路径建议。

一、需要硕士学位的典型场景

***1.* 学术研究或高校教职**

若希望进入新闻传播领域的研究机构、智库或高校任教，硕士学位是基本门槛，博士学位通常是必备条件。

***2.* 国际媒体或高端竞争岗位**

…………

***3.* 转型的垂直领域专家**

…………

***4.* 部分体制内岗位**

…………

二、不需要硕士学位的可行路径

1. 实践导向的职业领域

一线记者 / 编辑：地方媒体、新媒体平台更看重作品集、采写能力和行业敏锐度。

自媒体 / 自由职业：……

数字媒体技能岗：……

2. 替代性学习路径

行业认证课程：如新闻伦理培训、数据新闻工作坊……

跨领域实践：进入公关公司、广告公司或互联网大厂……

学徒制：争取跟随资深记者或主编工作……

3. 低成本试错策略

过渡实践：用 1~2 年进入传媒行业实习或自由撰稿……

在职攻读学位：选择非全日制硕士或在职课程……

三、决策关键：评估个人禀赋与行业需求

1. 问自己三个问题

目标岗位的门槛：查阅 10 家目标公司的招聘要求，要求硕士学位的占比是多少？

不可替代性来源：你的优势是独家信源、写作天赋还是精通技术工具？这些能力是否必须通过攻读硕士学位获得？

机会成本：若用读研的 2 年时间全职工作，是否能积累更多关键资源？

2. 行业趋势参考

传统媒体：……

新媒体 / 自媒体：……

全球化背景：……

四、行动建议

短期（0~1 年）：制作个人作品集……

中期（1~3 年）：若发现职业瓶颈与理论缺失相关……

长期：无论是否读研，持续关注……

总结：

新闻行业本质是"能力驱动型"领域，硕士学位是非必需品。建议先用低成本方式验证职业适配性，再根据反馈动态调整路径。

（以上内容由 DeepSeek-R1 生成，内容有删改）

三、信息筛查：防止出现错误或误导性信息

背景：你正在使用 AI 工具辅助撰写学术论文，但担心生成的内

容可能存在错误或引用不当。

批判性提问:

（1）"AI 生成的参考文献是否准确无误？这些文献是否真实存在且与研究主题高度相关？"

通过这个问题，你可以验证引用内容的准确性和相关性，避免因错误引用有损学术声誉。

（2）"AI 生成的结论是否基于充分的证据？是否存在逻辑漏洞或过度推断？"

通过这个问题，你可以检查内容的逻辑性和证据链，确保学术研究的严谨性。

（3）"AI 生成的内容是否符合学术规范和伦理要求？是否存在抄袭或不当引用的风险？"

通过这个问题，你可以评估内容的合规性，防止不当行为导致的学术不端问题。

注意

1. **避免过度质疑**：批判提问的目的是识别风险，而不是否定一切。

2. **控制提问方向**：要围绕具体目标提问，而不是提出过于宽泛的问题。

3. **结合数据分析**：如果有可能，结合数据进行批判性分析，而不仅仅依靠假设推测。

18. 分裂式提问：
让生成结果更加全面

如果你的公司正在考虑是否进入一个全新的市场。有人认为机会难得，应该马上行动；有人认为风险太高，不宜贸然进入；还有人认为可以先试点，再决定是否进入。

如果你直接问 AI："我们是否应该进入这个市场？"

AI 可能会给你一个基于数据的单一结论，但如果你换种方式提问："从支持进入、反对进入和中立观望三种立场来看，各自的理由是什么？"

AI 就会从多个角度分析，让你获得更加全面的信息，以便更理性地做决策。

这就是分裂式提问的作用——它可以让 AI 从多个立场和角度回答问题，帮助你避免得到片面结论，获得更加多元的信息。

> **分裂式提问**是指要求 AI 从多个视角（如支持者、反对者、中立者）来回答同一个问题，以确保生成的内容更加客观、全面的提问方式。

使用分裂式提问的技巧包括以下几点。

✓ 设定对立观点（如支持和反对某观点）

如果你想分析某个决策或观点，可以让 AI 分别从支持和反对两个角度进行讨论。例如：

"支持者和反对者分别会如何看待这个问题？"

"有哪些证据支持这个观点？又有哪些证据反对？"

"如果从乐观和悲观两种角度来看，结果会有什么不同？"

✓ 增加中立角度（不只是支持或反对）

有些问题的答案并非非黑即白，你可以引导 AI 从中立角度思考，例如：

"除了支持和反对，还有没有第三种折中观点？"

"对于这个问题，是否存在中立者？他们的看法是什么？"

"如果我们从一个更中立的视角来看，会得出什么结论？"

✓ 角色设定（从不同群体的立场分析）

有时，不同身份背景的人对同一个问题的看法会完全不同。你可以让 AI 分别站在不同角色的立场思考，例如：

"政府、企业、消费者三方如何看待这一政策？"

"如果让资深行业专家和普通用户分别讨论这个话题，他们会得出什么不同的结论？"

"CEO、投资人和一线员工分别会如何评估这个决策？"

✓ 设定时间维度（如短期或长期）

很多决策在短期和长期产生的影响可能完全不同。你可以这样提问：

"这个政策的短期影响和长期影响分别是什么？"

"这项技术在未来 5 年和 10 年的发展趋势分别如何？"

"如果我们现在选择这个方案，短期和长期的风险分别是什么？"

来看几个不同场景下分裂式提问的使用案例。

例：新能源行业前景

常规提问

❓ 太阳能是未来最好的能源吗？

分裂式提问

❓ 太阳能的支持者认为它有哪些优势？反对者认为它存在哪些缺陷？中立者如何评价其发展潜力？

例：AI 对就业市场影响

常规提问

❓ AI 对就业市场的影响是好是坏？

分裂式提问

❓ 企业、政府、普通劳动者分别如何看待 AI 对就业市场的影响？

例：市场营销策略

常规提问

❓ 这个新产品的营销策略是否有效？

分裂式提问

❓ 从消费者、竞争对手和行业分析师的角度来看，这个营销策略的优缺点是什么？

应用案例

一、商业决策：充分考虑利益相关者的意见

❓ 作为一家走亲民路线的企业，从股东、管理层和客户的视角来看，推出高端产品线这一决策会带来哪些影响？

🅰 作为一家走亲民路线的企业，从不同利益相关方的视角来看，推出高端

产品线的决策会带来不同的影响，具体分析如下。

一、股东视角：利益与风险并存

1. 潜在收益

利润增长：高端产品通常溢价更高，可能提升企业整体利润率。

市值提升：通过进入高端市场扩大业务版图，可能吸引偏好高成长性的投资者，推高股价。

风险分散：降低对单一市场（亲民市场）的依赖，增强抗风险能力。

2. 潜在风险

投资回报不确定性：高端市场需长期投入研发……

股东分歧：若战略转型过快，可能引发原有股东……

资源挤占：高端产品线可能分走原本用于亲民产品的资源……

二、管理层视角：战略与执行的双重挑战

1. 战略层面

品牌重塑：需重新确定品牌价值……

市场研究：需精准识别高端客群需求……

2. 执行层面

资源分配矛盾：管理层需平衡高端产品与原有产品的……

供应链调整：高端产品对原材料、生产工艺要求更高……

绩效考核压力：销售团队需适应高端市场……

三、客户视角：市场分化的机遇与风险

1. 现有客户

客户流失风险：若高端产品宣传过度，可能让原有客户产生……

消费升级机会：部分客户可能因信任品牌而尝试……

2. 目标客户（高端客群）

市场教育成本：亲民品牌进军高端市场需突破消费者固有认知……

差异化竞争：需通过技术、设计或服务建立高端产品护城河……

四、综合建议：平衡与渐进策略

（1）品牌隔离：建立子品牌或实施独立运营模式（如丰田与雷克萨

斯）……

（2）市场测试：推出限量款、联名款，测试高端市场……

（3）资源协同：利用亲民产品的规模化优势反哺高端线……

（4）客户沟通：明确传递"多元产品矩阵"战略……

总结

推出高端产品线是一把双刃剑：对股东而言，可能带来长期价值，但需承受短期波动；对管理层而言，要求更高的战略定力和执行能力；对客户而言，则可能造成认知冲突……

（以上内容由 DeepSeek-R1 生成，内容有删改）

二、社会热点分析：采纳不同立场的利益相关者的观点

❓ 对于自动驾驶技术的普及，政府、汽车厂商和普通用户分别怎么看？

🅐 自动驾驶技术的普及涉及多方利益相关者的博弈，不同角色因其立场呈现出不同的态度，以下是对各方的具体分析。

一、政府层面：推动者与监管者

1. 战略布局维度

…………

2. 法规挑战

…………

3. 社会效益计算

…………

二、汽车厂商：技术竞赛与商业模式重构

1. 技术路线分化

Waymo 坚持 L4 级纯视觉方案累计路测超 3200 万公里。

小鹏汽车城市 NGP 每百公里接管率降至 0.05 次。

丰田固态激光雷达成本从 8 万美元降至 500 美元。

2. 产业链重构

博世投资 10 亿欧元建设车规级芯片工厂。

英伟达双 OrinX 芯片算力达 508 TOPS（万亿次运算 / 秒），支撑小鹏 G9 等车型。

3. 盈利模式创新

特斯拉 FSD 订阅服务年收入……

奔驰 Drive Pilot 按分钟计费……

三、普通用户：认知曲线与行为转变

1. 接受度演变

根据 J.D.Power 调查，中国消费者自动驾驶信任度……

2. 使用行为转变

加利福尼亚州 DMV 数据显示，Waymo 每千英里人工接管次数……

特斯拉 Autopilot 用户单次连续使用时长……

3. 伦理困境

…………

当前各方在技术成熟度、法规完善度、社会接受度三个维度持续博弈……

（以上内容由 DeepSeek-R1 生成，内容有删改）

三、产品市场分析：考虑不同目标群体的需求

❓ 我们打算推出一款陪伴型机器人，年轻人、中年人和老年人对这款产品的接受度如何？

🅰️ 针对陪伴型机器人在不同年龄群体中的接受度分析，以下是详细的解答。

一、年轻人（18~35 岁）

1. 接受度： 高（潜在早期用户群体）

2. 核心驱动因素

（1）尝鲜心理

年轻人对新技术接受度高，愿意尝试创新产品，尤其是具备社交属性的智能设备（如 AI 伴侣、虚拟助手）。

（2）情感陪伴需求

独居青年群体可能将机器人视为缓解孤独感的工具，尤其注重互动趣味性（如幽默对话、个性化表情）。

（3）娱乐与社交功能

若机器人能融入游戏化互动、社交媒体分享或虚拟形象定制（如二次元风格）功能，吸引力会显著提升。

3. 潜在障碍

隐私泄露风险：部分人对数据收集敏感，需强调隐私保护机制。

替代真人社交的争议：部分人可能认为过度依赖机器人会弱化人际交往能力。

二、中年人（36~60 岁）

1. 接受度： 中等（要求功能精准匹配需求）

2. 核心驱动因素

（1）家庭场景需求

育儿辅助：可作为儿童教育伙伴（如讲故事、监督学习）。

老人关怀：远程照护家中长辈（如健康监测、紧急呼救）。

（2）减压工具

中年职场人群可能看重情绪疏导功能（如冥想引导、压力管理建议）。

3. 潜在障碍

实用性疑虑：避免"华而不实"，强调解决具体问题（如家务协助、日程管理）。

价格敏感度：倾向于性价比高的产品，初期可能观望。

三、老年人（61 岁以上）

1. 接受度：分化明显（需突破心理与技术壁垒）

2. 高接受度群体特征

独居老人：需要情感陪伴与安全监护（如聊天、用药提醒）。

健康管理需求：若整合血压／血糖监测、跌倒检测等医疗功能，接受度将显著提升。

3. 潜在障碍

技术使用门槛：需简化操作（如语音控制、一键求助），避免复杂界面。

情感抵触：部分老人可能认为机器人"冰冷"，需通过拟人化设计（如温暖音色、肢体动作）增强亲和力。

四、关键策略建议

1. 分龄定制功能

年轻人：强化娱乐社交、个性化 AI 形象。

中年人：聚焦于满足家庭需求（育儿／养老）。

老年人：简化交互功能、医疗监护、情感陪伴。

2. 伦理与隐私设计

给予数据安全承诺，避免用户产生"被监控"感。

3. 推广渠道差异化

年轻人：在社交媒体平台推广、请科技博主推广。

中年人：线下体验店、家庭教育平台。

老年人：社区推广、与医疗机构合作。

4. 价格分层策略

推出基础版（基础陪伴）与高端版（健康监测 +AI 辅助学习），服务于有不同预算的群体。

五、市场验证步骤

（1）初期试点

选在以年轻用户为主的社区或在科技展会上进行原型测试，收集用户反馈。

（2）跨代际调研

邀请家庭体验，观察多年龄段协同使用场景（如机器人作为家庭沟通纽带）。

（3）文化适配

在保守地区强调功能性（如健康助手），在开放地区突出陪伴功能。

总结：

陪伴型机器人在各年龄层均有市场空间，但需精准确定需求、痛点，并通过设计、定价和推广策略降低使用门槛。年轻群体可能成为早期用户群体，而中老年市场的长期潜力取决于产品能否跨越技术与情感信任的双重壁垒。

（以上内容由 DeepSeek-R1 生成）

注意

1. 不要过度细分，否则信息可能变得冗长。

2. 避免只关注支持观点或反对观点，而忽略中立观点。

19. 预言式提问：
寻找问题和漏洞

请想象这样一个场景：你的团队正在设计一款全新的 AI 产品，所有人都对它充满信心。

你问："这个产品能快速占领市场吗？" 团队成员纷纷点头。

但如果你换一种方式提问："如果这个产品失败了，可能会是什么原因？" 这时，团队开始思考各种潜在问题：技术不成熟？用户体验不好？竞争对手迅速推出更好的产品？

> **预言式提问**是指从失败等不好的角度入手，主动寻找问题或漏洞，以验证假设的可靠性的一种提问方式。

使用预言式提问的技巧包括以下几个。

✓ 假设失败（倒推问题的根源）

当一个计划或决策看起来万无一失时，使用预言式提问来找出可能导致失败的因素。例如：

"如果这个项目失败了，最可能的原因是什么？"

"如果用户不接受这个产品，可能是哪些问题导致的？"

"如果 AI 生成的内容存在错误，可能会是哪一步出了问题？"

✓ 设想极端情况（测试系统的承受能力）

假设最坏情况，检验当前方案是否足够稳健。例如：

"如果几百万名用户同时访问服务器，服务器是否还能稳定运行？"

"如果出现数据泄露，我们的应对方案是否可以及时生效？"

"如果竞争对手复制我们的产品，我们的核心优势还能保持多久？"

✓ 反向提出假设（寻找逻辑漏洞）

有些看似合理的假设，可能隐藏着逻辑漏洞。预言式提问可以帮助你发现这些逻辑漏洞。例如：

"如果这个商业模式真的可行，为什么其他公司还没有实行？"

"如果这个 AI 算法足够智能，它为什么还会生成错误答案？"

"如果这项政策真的对所有人都有利，那为什么有人反对？"

✓ 假设存在滥用风险（预防负面影响）

当一项技术或策略可能带来副作用时，预言式提问可以帮助你识别潜在的滥用风险。例如：

"如果这项技术被黑客利用，最严重的后果是什么？"

"如果我们的客户数据被滥用，我们可能需要负哪些法律责任？"

"如果 AI 写作工具被用来生成虚假信息，我们该如何应对？"

来看几个不同场景下预言式提问的使用案例。

例：产品开发

提前发现用户体验、价格、隐私等方面的障碍，优化产品策略。

Before 常规提问	After 预言式提问
❓ 这款智能眼镜会受用户欢迎吗？	❓ 如果用户不愿意佩戴这款智能眼镜，最主要的原因是什么？

例：金融投资

帮助投资者更全面地评估投资风险，而不仅仅关注收益。

常规提问

预言式提问

❓ ×× 投资项目的回报率是多少？

❓ 如果这项投资亏损，可能导致亏损的风险因素有哪些？

例：内容审核

促使 AI 开发者优化模型，减少偏见或错误内容的生成。

常规提问

预言式提问

❓ AI 写作工具能否生成高质量文章？

❓ 如果 AI 生成的文章质量低劣或带有偏见，可能的原因是什么？

应用案例

一、产品设计与优化：提前发现可能导致用户不满的因素

❓ 如果用户在使用在线学习平台时，发现课程视频经常卡顿，甚至无法正常播放，他们会有什么反应？

🅰️ 当用户在使用在线学习平台时遇到视频卡顿或无法播放的问题，他们的反应可能涵盖多个层面，具体如下。

1. 即时情绪反应

烦躁：学习被打断，尤其是学习关键内容时，用户可能感到烦躁。

焦虑：付费用户担心课程进度受影响，考试临近时更易焦虑。

失望：对平台的信任度下降，认为其不专业或不可靠。

2. 短期行为反应

（1）尝试自行解决

刷新页面、切换浏览器／设备、检查网络连接。

降低视频分辨率（如从高清切换到标清）。

（2）寻求帮助

向客服反馈问题，期望问题被快速解决。

到帮助中心或社区论坛寻找解决方案。

（3）负面反馈

在社交媒体、应用商店发表负面的评论。

在学习群组或论坛中提醒他人"避坑"。

3. 长期行为与态度变化

降低使用频率：因体验差而暂停学习，甚至放弃课程学习。

转向竞争对手：寻找更稳定的替代平台。

提出经济诉求：付费用户可能要求退款或赔偿。

彻底失望：问题长期未解决可能导致用户彻底离开并劝阻他人使用。

4. 技术归因与责任判定

自我怀疑：用户可能先检查自身网络或设备……

技术质疑：用户可能质疑平台的服务器负载能力……

5. 社交与口碑影响

负面传播：在朋友圈、微博、知乎等平台发表负面评价……

群体效应：在学习群组内集中抱怨，可能引发……

总结：潜在后果

用户流失：短期体验问题若未解决……

收入损失：付费用户退款……

品牌损伤：负面评价影响市场竞争力……

建议： 平台需优化视频加载技术、建立实时监控系统，并配备高效客服团队，同时通过补偿机制缓解用户情绪，维护品牌声誉。

（以上内容由 DeepSeek-R1 生成，内容有删改）

二、政策制定：评估新政策的潜在负面影响

❓ 如果政府调整劳动法规要求，企业为员工提供更长的带薪休假和更灵活的工作时间，企业可能会在哪些方面增加管理成本？

🅰️ 当政府调整劳动法规，要求企业提供更长的带薪休假和更灵活的工作时间时，企业可能在以下方面增加管理成本。

1. 人力成本

工资支出上升：带薪休假时间延长直接导致企业支付工资的总额增加，尤其是高薪或关键岗位员工休假时，可能需支付额外薪资或加班费。

替代劳动力成本：核心岗位员工长期休假时，企业需雇用临时工或购买外包服务，增加招聘、培训和薪资成本。

加班补贴：灵活的工作时间可能导致部分员工加班，企业需支付更高的加班费或给予员工调休补偿。

2. 运营管理复杂度

排班与调度：灵活的工作时间需要更复杂的排班系统，可能导致人力资源部门工作量激增。

跨时区 / 团队协作成本：员工工作时间分散可能影响沟通效率，需投入更多工具（如协作软件）或更多精力协调会议时间。

生产力波动风险：员工休假时间不均衡可能导致项目进度延迟，需额外资源（如项目管理工具或临时团队）维持效率。

3. 合规与行政成本

制度调整与培训：需修订内部制度（如考勤、休假制度），并培训管理层和员工适应新规，这将增加行政部门的工作量。

法律咨询与审计：要确保符合新法规，可能需外部法律顾问支持，并投入资源进行合规审查，避免罚款或诉讼风险。

考勤与记录系统升级：灵活的工作时间需更复杂的考勤追踪系统（如远程打卡、工时统计软件），增加技术投入和维护成本。

4. 福利与员工关系管理成本

…………

5. 间接成本与效率损失

…………

6. 长期战略调整成本

…………

总结

新劳动法规的实施在提升员工福利的同时，可能显著增加企业的直接成本（薪资、招聘、技术投入）和间接成本（管理复杂度、效率损失）……

（以上内容由 DeepSeek-R1 生成，内容有删改）

注意

1. 避免过度悲观：预言式提问是为了识别漏洞，而不是否定所有可能性。

2. 结合数据分析：在识别风险的同时，也要基于数据和事实，而不是仅凭假设。

3. 配合其他提问方式：可以结合批判提问、对立提问等方式，进行更全面的分析。

20.
迁移提问：
让 DeepSeek 跨领域学习

假如你是一名产品经理，正面临用户流失率高的问题。团队内部讨论了各种优化方案，但都缺乏创意。

如果你问 AI："如何降低用户流失率？"

AI 可能会提供一些常见的建议，例如提升用户体验、优化客服等。此时，不妨改用迁移提问："在医疗行业，医生如何提高患者的治疗依从性？能否借鉴这些方法来提升产品的用户留存率？"

AI 的回答会极具创意："医生提高患者依从性的策略包括个性化沟通、数据跟踪、心理暗示等。这些方法同样适用于提升产品的用户黏性，例如个性化内容推送、行为追踪和用户激励。"

迁移提问通过学习其他领域的知识，推理出当前问题的解决方案。

> **迁移提问**是指让 AI 借鉴其他行业或领域的成功经验，推理出当前问题的解决方案的提问方式。其不仅可以帮助我们跨学科思考，还能让 AI 生成更具创新性的答案，打破思维惯性。

使用迁移提问的核心技巧包括以下几个。

✅ 跨行业类比（寻找相似问题）

许多行业面临的挑战可能是相似的，只是表现形式不同。例如：

"如何借鉴游戏行业的用户激励机制，来提升在线教育平台的学习完成率？"

"餐饮行业如何增加回头客？如何将这些策略应用到电商复购率提升上？"

"医院如何减少病人等待时间？能否用相同思路提高物流配送效率？"

✅ 选择不同学科视角（用科学方法解读问题）

不同学科的理论可以提供新的分析方法。例如：

"能否用心理学的'损失厌恶'理论，提高订阅服务的续费率？"

"从生物进化的角度，如何让社交平台的内容推荐机制更加高效？"

"能否借鉴军事战略的'预判敌人行动'模型，优化市场竞争策略？"

✅ 逆向思维（借鉴看似无关的行业知识）

有些行业之间虽然看似不相关，但可能提供意想不到的灵感。例如：

"太空探索如何优化燃料利用？该方法能否应用于新能源汽车的续航能力优化？"

"古代战争中如何进行兵力调度？该方法能否应用于现代供应链管理？"

"电影叙事结构如何吸引观众？能否用类似手法优化品牌营销？"

✅ 从自然界获取灵感（仿生学思维）

自然界已经进化出许多高效的生存策略，我们可以考虑将其运用于人工设计中。例如：

"能否借鉴鱼群协同游动的原理，优化无人机编队的控制系统？"

"植物如何调节水分？能否用相同原理设计更节能的建筑？"

"蜘蛛网的结构为何如此坚固？其结构能否应用到建筑工程中？"

来看两个不同场景下迁移提问的使用案例。

例：电商优化

Before	常规提问	After	迁移提问
	❓ 如何减少电商用户流失？		❓ 医生如何提高患者的治疗依从性？能否借鉴这些方法来提升电商用户留存率？

例：AI 训练

Before　**常规提问**　　　　　　After　**迁移提问**

❓ 如何优化 AI 的自学　　　　❓ 人类如何学习新知识？能否借鉴大
习能力？　　　　　　　　　　脑神经元连接原理，优化 AI 模型？

应用案例

一、商业创新：发现全新商业模式

❓ 航空公司如何降低成本？该方法能否应用于共享经济平
台降低成本？

🅰️ 航空公司降低成本的关键策略与共享经济平台的借鉴路径

一、航空公司降本核心策略

1. 燃油成本降低（占比 25%~40%）

采用新一代节油机型（如空客 A320neo 相比其他客机，节省 15% 的
燃油）。

采用实时气象导航系统优化飞行路径（达美航空一年节省 2.6 万吨
燃油）。

燃油期货对冲（西南航空 2020 年通过燃油期货对冲节省 3.7 亿美元）。

2. 资产效率革命

提高日利用率：……

模块化客舱改造：……

3. 数字化运维体系

…………

二、共享经济平台创新移植方案

1. 动态资产配置系统

实时预测供需关系：借鉴 Sabre 航空收益管理系统，开发动态定价 3.0 算法。

…………

2. 众包生态网络

…………

3. 智能运维中台

…………

三、策略实施风险与对策

1. 监管适应性改造

…………

2. 质量管控创新

…………

四、未来融合方向

1. 经济模型

可持续燃料积分：……

电动化生态系统：……

2. 元宇宙运营界面

数字孪生维护：……

VR 培训体系：……

3. 超共享经济形态

跨业态资源池：……

流动性银行：……

结论： 航空业百年积累的精密化成本控制体系，通过模块化解构和数字化改造……

（以上内容由 DeepSeek-R1 生成，内容有删改）

二、科技研发：跨学科寻找技术突破口

❓ 鸟类飞行时如何减少能耗？该方法能否用于无人机设计？

🅐 鸟类在飞行中通过多种方法减少能耗，这些方法对无人机设计具有重要的启发意义。以下是具体分析。

一、鸟类飞行时减少能耗的机制

1. 滑翔与气流利用

动态滑翔：信天翁等海鸟利用海面风速梯度，通过交替上升和俯冲获取能量，降低拍翅频率。

热气流／上升气流：鹰、鹫等猛禽借助热空气上升的浮力盘旋，几乎不消耗自身能量。

地面效应：贴近地面飞行时，气流被压缩形成气垫效应，阻力减少（如鹤类迁徙）。

2. 空气动力学优化

翼型与展弦比：长而窄的翅膀……

翼尖形态：分开的羽毛减少翼尖涡流……

可变翼型：飞行中调整翅膀形状……

3. 群体协作

…………

肌肉效率：红肌纤维（耐力型）主导长时间飞行。

二、无人机设计的仿生应用

1. 气动外形优化

仿生翼尖设计：无人机机翼末端添加分叉……

可变机翼：借鉴鸟类翅膀变形能力……

2. 能量获取技术

动态滑翔算法：无人机通过感知风速梯度……

上升气流探测：搭载气压与风速传感器……

3. 群体协同飞行

编队控制算法：多台无人机组成 V 形队列……

4. 结构与材料

轻量化仿生结构：碳纤维骨架模仿鸟类中空骨骼……

柔性蒙皮：使用记忆合金或智能材料实现……

5. 动力系统优化

间歇性拍动推进：仿蜂鸟的扑翼无人机……

三、挑战与局限性

…………

四、应用前景

长续航监测无人机：用于气象观测、森林防火……

军事侦察：低噪声扑翼无人机模仿鸟类飞行……

物流运输：编队飞行的货运无人机群……

总结

鸟类飞行的节能策略为无人机设计提供了灵感……

（以上内容由 DeepSeek-R1 生成，内容有删改）

三、营销策略创新：跨领域优化用户体验

❓ 电影是如何讲好故事的？该方法能否应用于品牌广告制作？

🅰 电影与品牌广告虽然在形式和目的上存在差异，但核心都是通过故事传递情感与价值观。以下是电影讲好故事的底层逻辑，以及品牌广告可借鉴的关键方法。

一、电影讲好故事的底层逻辑

1. 角色驱动叙事

人物塑造：角色需有明确的目标、弱点与成长路径（如《肖申克的救赎》中安迪……）。

共情设计：通过角色的困境让观众代入……

广告制作启示：品牌主角（用户或产品）需具备鲜明的人性……

2. 利用冲突增强吸引力

三层冲突：外部冲突（对抗环境）、人际冲突（角色关系）、内在冲突（自我挣扎）……

广告制作启示：将产品功能转化为解决冲突的钥匙……

3. 沉浸式体验

利用细节提高可信度：电影通过服装、场景、方言等建立……

广告制作启示：品牌需打造统一的美学符号……

4. 节奏与留白

三幕剧变体：经典结构（建置—对抗—解决）……

沉默的力量：电影用空镜、表情特写传递情绪。

广告制作启示：15秒广告可借鉴"5秒悬念 +7秒冲突 +3秒对策"的结构，用视觉隐喻替代冗长解释。

二、品牌广告的"电影化"实战策略

1. 从功能到神话

产品符号化：如同漫威将雷神之锤赋予"责任"象征……

案例：×××用纪录片式广告将冲锋衣与环保行动绑定……

2. 情绪先于逻辑

感官触发：电影用配乐、色调制造记忆锚点。

广告应用：OPPO《倒数人生》广告……

3. 鼓励用户互动

…………

4. 长线叙事资产

…………

三、"避坑"指南：广告与电影的叙事差异

1. 明确核心信息

广告需在 15 秒内实现"认知—共鸣—行动"闭环……

2. 成本与创意的平衡

电影级特效并非必需……

3. 数据驱动迭代

电影依赖导演直觉，广告需借助 A/B 测试优化……

结语

未来的品牌广告将介于电影与游戏之间：既有电影的艺术性，又有游戏的互动性……真正的突破在于——用电影的灵魂讲商业的故事，而非用广告的躯壳模仿电影的皮相。

（以上内容由 DeepSeek-R1 生成，内容有删改）

注意

1. 确保行业之间有共同点：有些类比可能不适用，需判断迁移的可行性。

2. 结合已有数据验证：需要结合真实数据，对 AI 建议的合理性进行评估。

第五部分

融会贯通：
灵活组合，搞定复杂问题

在面对复杂问题时，只使用一种提问方法往往难以获得理想的结果。此时可以将复杂任务拆解为多个子问题，根据子问题的特点，组合使用不同的提问方法，引导 AI 逐步解决。这不仅能有助于降低问题复杂度，还能显著提高 AI 输出内容的准确性，帮助我们更快获得理想的结果。

例如，对于需要创新思维的问题，可以采用发散提问结合引导提问；对于需要详细分析的问题，则可以采用指令式提问结合示例式提问。

假设你需要为一篇关于未来科技的论文撰写引言，但无从下手。此时，你可以采用以下步骤操作。

✅ 问题类型分析
这是一个创意与写作结合的问题，既需要产生新颖的观点，又需要将其融入文章中。

✅ 问题拆解
要完成这项任务可以分 3 步：创意收集、观点表达、结构规划，依次可以使用的提问方法如下。

创意收集：使用发散提问，如"未来科技可能带来哪些颠覆性变化？"

观点表达：使用引导提问，如"在这些变化中，哪一个最有可能影响人类生活？为什么？"

结构规划：结合指令式提问，如"如何将这些观点组织成一篇引人入胜的引言？"

✅ 提问策略组合
先通过发散提问获取大量创意点，再通过引导提问筛选出最有价值的观点，并深入讨论其意义，最后使用指令式提问指导具体的写作过程。

1. 项目沟通：
指令式提问 + 归纳提问

当我们需要借助 AI 来明确目标、总结关键信息时，可以使用指令式提问来明确任务的目标和范围，使用归纳提问来提炼核心要点。这种组合方式能够快速明确方向，便于执行且过程可控。

案例背景

你是一家科技公司的项目经理，负责一个跨部门的 AI 项目。虽然已制定了清晰的项目目标和关键成果（OKR），但由于团队成员来自不同部门，沟通风格与处理方式存在差异，团队成员对任务的理解不一致，执行效率不高。你希望借助 AI 来梳理项目沟通中的关键要素，帮助团队成员就目标达成共识。

组合提问

指令式提问（明确目标和范围）→ 归纳提问（总结关键信息）

提问示例

> ❓（指令式提问）请整理一份适用于跨部门协作项目的沟通清单，确保各部门对目标、职责和时间节点有统一理解。
>
> ---
>
> Ⓐ（仅展示部分内容）
>
> 沟通清单包括：

1. 项目目标说明（明确成果指标与时间表）

2. 各部门职责划分与交付物清单

3. 定期同步机制（如每周例会、日报机制）

4. 冲突解决流程

5. 项目变更沟通规则

❓（归纳提问）请基于上述清单，总结出五项关键的沟通要点，以提升跨部门协作的效率。

AI

1. **职责清晰**：明确各部门的任务边界和交付内容，避免重复与遗漏，并形成文档化确认机制，供后续追踪使用。

2. **目标统一**：确保所有成员对最终成果与成功标准的理解一致，并通过项目启动会进行集体确认，防止理解偏差。

3. **机制明确**：建立固定的沟通与反馈机制，如每周例会和看板更新，确保信息畅通和问题及时响应。

4. **流程规范**：制定标准化的任务提交流程与审批节点，减少沟通摩擦，提高协作效率。

5. **风险预警**：引入预警机制，如延迟自动提醒、风险登记等，帮助各部门及早识别和应对潜在的协作问题。

2. 产品研发：
角色扮演式提问 + 引导提问 + 多项选择提问

当我们需要 AI 提供专业建议、激发创造力并协助我们做出决策时，可以使用角色扮演式提问来为 AI 赋予某方面专家的身份，使用引导提问来激发创造力，使用多项选择提问来快速决策。这种组合方式能够引导 AI 给出专业且可靠的建议，决策高效准确。

案例背景

你是一家教育机构的课程研发经理，需要开发一门新的在线课程。你希望通过 AI 来获取市场洞察，确定课程主题和形式。

组合提问

角色扮演式提问（赋予 AI 专家身份）→ 引导提问（激发 AI 创造力）→ 多项选择提问（快速决策）

提问示例

❓（角色扮演式提问）假设你是一位在线教育领域的专家，请分析当前市场上热门在线课程的主题和形式。

🅰️（仅展示部分内容）当前市场上热门在线课程主题包括编程、外语学习、职业技能提升等；形式多为录播视频课程结合互动社区。

❓（引导提问）现在让我们思考一下，你认为一家专门服务职场人士的在线教育公司，应该开发一门什么主题的在线课程？为什么这个主题会受欢迎？请详细阐述。

🅰️ 如果是一家专门服务职场人士的在线教育公司，我建议开发一门关于"数字化办公技能提升"的在线课程。以下是我的详细分析。

1. 适应职场需求：数字化办公技能是现代职场人士的必备技能之一，掌握这些技能可以帮助他们更好地适应工作环境，提升工作效率和竞争力。

2. 提升个人价值：通过学习这些技能，职场人士可以在工作中表现出色，获得更多的晋升机会和职业发展机会。例如，掌握 Excel 高级技能的员工在数据分析岗位上更具优势。

3. 适应远程办公：随着远程办公的常态化，数字化办公技能的重要性更加凸显。掌握这些技能可以帮助职场人士更好地适应远程工作模式，提高工作效率。

4. 持续学习的必要性：数字化工具不断更新和升级，职场人士需要持续学习新的技能和工具来保持竞争力。例如，随着新的数据分析工具的出现，职场人士需要不断学习以掌握最新的技术。

5. 适用人群广泛：从初级员工到高级管理者，从技术岗位到非技术岗位，几乎所有的职场人士都需要提升数字化办公技能。这使得该课程的潜在受众非常广泛，市场需求巨大。

❓（多项选择提问）AI 技术在飞速发展，因此需要提前布局一些与 AI 相关的课程，以下哪个方向最适合专门服务职场人士的在线教育公司？ A. AI 数据分析与数据科学；B. AI 与市场营销；C. AI 与人力资源管理；D.AI 与创新思维

🅐 （仅展示部分内容）这四个方向中，AI 数据分析与数据科学可能是最适合专门服务职场人士的在线教育公司的，以下是详细分析。

1. 市场需求旺盛……

2. 课程内容丰富且实用……

3. 课程形式多样化……

4. 竞争优势……

为进一步验证课程主题的吸引力与市场适配性，我们还可以借助 AI 进行模拟推销演练，测试其在实际销售场景下的说服力。

此时可使用角色扮演式提问，并引导 AI 根据 FABE（Feature、Advantage、Benefit、Evidence，特点、优势、好处、证据）框架构建一段面向目标学员的课程推荐话术。

❓ （角色扮演式提问）你是一家专门服务职场人士的在线教育公司的课程销售人员，请按照 FABE 框架组织内容，向职场人士介绍在线课程"AI 数据分析与数据科学"。

🅐 （仅展示部分内容）当然，以下是我为您准备的课程介绍话术，采用 FABE 框架。

Feature（特点）：这门课程聚焦于 AI 在数据分析与数据科学领域的实际应用，内容涵盖 Python 数据处理、机器学习基础、数据可视化、常见 AI 工具操作等多个模块……

Advantage（优势）：与传统数据分析课程不同，该课程强调"零基础入门＋项目驱动学习"，即使没有编程基础也能快速上手……

Benefit（好处）：完成本课程后，您将能独立完成数据分析报告、使用 AI 工具进行自动化处理……

Evidence（证据）：本课程已服务超过 5000 名职场人士，满意度达98%。其中 80% 的学员……

3. 网店运营：
关键词提问 + 分裂式提问 + 信息整合提问

　　当我们需要 AI 分析复杂信息、从多角度看待问题并综合得出结论时，可以使用关键词提问来聚焦问题核心，使用分裂式提问进行多角度分析，使用信息整合提问来综合得出结论。这种组合方式能够确保分析全面深入，结论准确可靠。

案例背景

　　你是一家电商平台的运营经理，发现某款商品的用户反馈两极分化严重。你需要通过 AI 来分析用户反馈，找出问题所在，并提出改进方案。

组合提问

　　关键词提问（聚焦问题核心）→ 分裂式提问（多角度分析）→ 信息整合提问（综合得出结论）

提问示例

关键词

> ❓ （关键词提问）（将用户反馈信息提供给 AI）请总结用户反馈中关于商品质量、物流速度和客服服务的关键词。
>
> ⒶⒾ （仅展示部分内容）商品质量（正面：优质、耐用。负面：瑕疵、破损）、物流速度（正面：快速、准时。负面：延迟、丢失）、客服服务

（正面：专业、耐心。负面：冷淡、敷衍）。

❓（分裂式提问）从正面评价和负面评价两个角度，分别总结用户对商品质量、物流速度和客服服务的看法。

🅰️（仅展示部分内容）正面评价：用户对商品质量普遍满意，认为商品优质且耐用；物流速度快且准时；客服服务专业且耐心。负面评价：部分用户反映商品存在瑕疵或破损；物流过程中有延迟或丢失现象；客服服务态度冷淡或敷衍。

❓（信息整合提问）基于上述分析，你认为如何改进商品质量、物流速度和客服服务，以提升用户满意度？

🅰️（仅展示部分内容）改进方案：加强商品质量控制，提高出厂检验标准；优化物流流程，减少中转环节，提高配送效率；加强客服培训，提升服务态度和专业能力，确保用户问题得到及时解决。

4. 广告创意：
示例式提问 + 发散提问 + 约束提问

当我们需要 AI 提供创意灵感、拓展思维并限定结果时，可以使用示例式提问来提供参考样本，使用发散提问来激发创意，使用约束提问来限定条件。这种组合方式能够确保创意丰富多样、结果符合预期。

案例背景

你是一家广告公司的创意总监，需要为一家新品牌设计一份创意广告方案。你希望通过 AI 来获取灵感，并限定广告的风格和预算。

组合提问

示例式提问（提供参考样本）→ 发散提问（激发创意）→ 约束提问（限定条件）

提问示例

> ❓（示例式提问）请根据我整理的瑞幸咖啡广告案例，再找 3 个类似的广告案例，包括创意点和效果。
>
> 广告案例：瑞幸咖啡 × 脱口秀演员的"生椰拿铁 4 周年"。
>
> 背景：在生椰拿铁迎来 4 周年时，瑞幸咖啡携手脱口秀演员，共同打造了一场别开生面的营销活动。
>
> 创意：广告片巧妙选用了《云宫迅音》作为 BGM，搭配脱口秀演员对《西游记》经典场景的"魔性"演绎，如"石猴出世""海边奔跑"等，瞬间唤醒大众的童年记忆。此

外，瑞幸还推出了冻冻生椰拿铁等新品，并结合"包岛"事件进行原产地叙事，将产品与产地紧密联系起来。

效果：通过此次营销活动，瑞幸咖啡成功将经典 IP 与现代幽默相结合，既营造出熟悉感，又带来了新鲜感，引发了广泛的情感共鸣，有效提升了品牌知名度和产品销量。

🅐 （仅展示部分内容）

案例一：蜜雪冰城 × 中国邮政的"主题邮局快闪店"

背景：蜜雪冰城为进一步扩大品牌影响力，与中国邮政展开跨界合作，打造主题邮局快闪店活动。

创意：将蜜雪冰城的甜蜜元素与中国邮政的复古邮政风格相结合，在快闪店内设置了邮政主题打卡区、蜜雪冰城特色饮品售卖区等。打卡区布置成复古邮局模样，有老式邮筒、邮政自行车等道具，吸引消费者拍照打卡。

特色产品：推出联名款明信片和邮票，明信片上印有蜜雪冰城的经典形象，消费者购买饮品后可获得明信片，现场书写并投递到店内邮筒，增加了互动性和趣味性。

效果：这种跨界合作的新颖形式吸引了大量消费者关注，快闪店成为热门打卡地点，在社交媒体上引发了广泛传播。不仅提升了蜜雪冰城的品牌曝光度，还借助中国邮政的广泛渠道，进一步拓展了品牌受众群体，增加了产品销量。

案例二：元气森林 × 迪士尼的"夏日奇妙派对"

背景：在夏季销售旺季，元气森林与迪士尼合作推出夏日营销活动，旨在吸引年轻消费者，提升产品在夏季市场的销量。

创意：推出迪士尼经典卡通形象主题的元气森林气泡水包装，如米奇、米妮、唐老鸭等，将迪士尼的欢乐氛围与元气森林的清爽口感相结合。

线下活动： 在多个城市举办"夏日奇妙派对"线下活动，设置迪士尼主题游乐区、互动游戏区等。消费者参与活动可以获得限量版周边礼品，如迪士尼卡通形象的钥匙链、小风扇等。

线上互动： 在社交媒体平台发起话题挑战，鼓励消费者分享自己与元气森林迪士尼主题产品的合影或创意视频，参与话题互动有机会获得更多奖品。

效果： 通过迪士尼强大的 IP 影响力和丰富多样的活动形式，元气森林成功吸引了大量年轻消费者的关注。主题包装的产品在市场上销量可观，线下活动现场气氛热烈，线上话题互动也引发了广泛的传播和讨论，有效提升了品牌知名度和产品销量。

案例三：好利来 × 哈利·波特的"魔法世界甜品系列"

背景： 好利来为迎合年轻消费者对热门 IP 的喜爱，与哈利·波特合作推出魔法世界甜品系列，满足消费者对奇幻美食的期待。

创意： 将哈利·波特中的经典元素融入甜品设计，如推出"死亡圣器"蛋糕、"金色飞贼"马卡龙等。甜品的外形和包装都高度还原了哈利·波特魔法世界的风格，让消费者仿佛置身于魔法世界之中。

主题门店： 部分好利来门店进行哈利·波特主题装修，店内布置成霍格沃茨学院的风格，有分院帽、魔法书等道具，营造出浓厚的魔法氛围，吸引消费者到店打卡消费。

线上营销： 通过社交媒体平台发布甜品制作过程的视频、魔法主题的宣传海报等内容，引发消费者的好奇心和购买欲望。同时，开展线上预订活动，方便消费者提前购买心仪的甜品。

效果： 哈利·波特这一全球知名 IP 为好利来带来了极高的关注度，魔法世界甜品系列一经推出便受到消费者的热烈追捧。主题门店成为热门打卡地，线上预订量也大幅增加，有效提升了好利来的品牌影响力和产品销量，进一步巩固其在烘焙市场的地位 。

❓（发散提问）基于上述案例，请为一家新开的面包店【面包与空气】设计 3 个创新性开业预热活动创意，明确创意点。

🅐 （仅展示部分内容）

创意一："面包香气寻踪大挑战"

活动主题： 以"追寻面包的香气，开启美味之旅"为主题，吸引周边居民和过往行人参与。

活动形式： ……

创意点： 将寻找线索与面包香气相结合，增加了活动的趣味性和神秘感，激发参与者的探索欲望。

社交传播： 要求参与者在社交媒体上发布动态，能够扩大活动影响力，吸引更多人关注面包店。

预期效果： 提高面包店的知名度和曝光度，吸引潜在客户到店，为开业积累人气。

创意二："面包与空气的梦幻艺术共创"

活动主题： "用创意描绘面包与空气的美好，共筑艺术面包世界"

活动形式： ……

创意点： 将艺术创作与面包店开业相结合，为活动增添了文化艺术氛围，提升品牌形象。

全民参与： 不限年龄和专业，让更多人能够参与到活动中，增强活动的亲和力和吸引力。

预期效果： 营造浓厚的艺术氛围，吸引不同年龄段的人群关注，提升面包店的文化内涵和知名度。

创意三："面包时光胶囊，寄存美好期许"

活动主题： "将对面包的期待与美好时光封存，待未来开启"

活动形式： ……

创意点： 通过时光胶囊的形式，让参与者寄托情感，增加与面包店的情感连接。

长期关注： 设定未来开启时间，能够吸引参与者在未来再次关注面包店，形成长期的客户黏性。

预期效果： 增强参与者与面包店的情感互动，提高品牌的情感价值，为开业营造温馨、有意义的氛围，吸引更多顾客。

❓（约束提问）我们的品牌定位于年轻的都市白领，预算不超过 5 万元，请从上述创意点中选择最适合的方案，并详细描述实施方案和预算分配。

🅰️（仅展示部分内容）

综合品牌定位于年轻的都市白领以及预算限制（不超过 5 万元），选择"面包与空气的梦幻艺术共创"活动最为合适。该活动富有创意和艺术氛围，能吸引年轻都市白领的参与和关注，且成本相对可控。以下是详细的实施方案和预算分配。

实施方案： ……

预算分配：

项目	预算金额 / 元	备注
宣传费用	10000	包括线上推广费用（如社交媒体广告投放、美食博主合作费用等）和线下传单制作、海报印刷、张贴费用
场地布置费用	8000	遮阳棚搭建、桌椅租赁、装饰物品采购等
材料采购费用	12000	绘画工具、黏土、彩色纸等创作材料
人员费用	8000	工作人员薪酬和艺术老师指导费用
奖品费用	8000	定制礼品（如面包店周边产品、艺术画册等）和优惠券
其他费用	4000	如水电费、活动现场清洁费等

5. 预测分析：
对立提问 + 预言式提问 + 循环提问

当我们需要 AI 深入分析风险、从失败角度思考并不断优化答案时，可以使用对立提问来激发对立思考，使用预言式提问来从失败角度思考，使用循环提问来不断优化答案。这种组合方式能够确保风险分析全面深入，方案得到不断完善。

案例背景

你是一家科技公司的产品经理，正在负责一款智能家居产品的开发工作。为了确保产品成功上市并满足市场需求，你可以运用对立提问 + 预言式提问 + 循环提问的组合方法进行分析与决策。

组合提问

对立提问（激发对立思考）→ 预言式提问（从失败角度思考）→ 循环提问（不断优化答案）

提问示例

> ❓ （对立提问）如果这款智能家居产品过于注重高端功能，可能会增加成本，提高售价，从而影响其市场竞争力；但如果功能过于基础，又可能无法满足追求高品质生活的用户需求。我们如何找到功能与成本的平衡点？

🅐 （仅展示部分内容）为了找到功能与成本的平衡点，我们可以先对市场进行细分，明确目标用户群体。对于追求高端生活品质的用户，我们可以提供定制化的高端功能选项，如智能语音控制、环境自适应调节等，并设定相应的高端价格。同时，对于更广泛的普通用户群体，我们可以提供只具备基础功能的智能家居产品，保持较低的成本和售价。此外，我们还可以考虑通过模块化设计，让用户根据自己的需求选择不同的功能模块，从而实现个性化定制与成本控制的双重目标。

❓ （预言式提问）如果这款产品上市后遭遇用户差评，可能是因为哪些因素导致的？我们如何提前预见并规避这些风险？

🅐 （仅展示部分内容）可能的因素有：用户体验不佳、功能设计不合理或售后服务不到位等。为了预见并规避用户反馈不佳的风险，我们可以在产品开发过程中引入用户测试与反馈机制。通过邀请目标用户群体参与产品测试，收集他们的使用反馈和意见，及时发现并改进产品中存在的问题。此外，我们还可以对竞争对手的产品进行深入研究和分析，了解他们的优缺点和用户反馈，从而避免重复犯错。在售后服务方面，我们可以建立完善的客户服务体系，提供快速响应和高效解决问题的服务，增强用户的满意度和忠诚度。

❓ （循环提问）如何根据用户调研与市场需求，优化产品的功能设计与用户体验？

🅐 （AI 第一轮回答）根据用户调研与市场需求，我们可以对产品的功能设计和用户体验进行如下优化：增加界面设计的友好度，提高产品的易用性和可操作性；引入智能化的交互方式，如语音控制、手势识别等，提升用户体验；加强产品的安全性能，确保用户数据的安全和隐私保护。

❓ （循环提问，基于第一轮回答）在上述优化方案的基础上，提供一个更好的方案，进一步提升产品的智能化水平。

🅰️ （AI 第二轮回答）为了进一步提升产品的智能化水平，我们可以考虑引入更先进的 AI 算法和传感器技术。例如，通过引入深度学习算法，实现更精准的用户行为预测和个性化推荐；通过引入更灵敏的传感器技术，实现更精准的环境感知和自适应调节……

在完成多轮循环提问后，AI 可能出现回答逻辑混乱、偏题或自相矛盾的问题。这时，运用如下几个技巧，可以引导 AI 始终围绕核心问题给出一致且连贯的回答。

技巧一：重新归纳对话重点。

"请你根据上面我们讨论的内容，总结目前产品优化的三点核心建议，我们再从这里出发继续优化。"

这样做可以让 AI 回顾对话内容并清晰聚焦，防止"越聊越散"。

技巧二：重新定义角色与任务边界。

"假设你现在是一位产品优化顾问，我们将重新开始优化智能家居的交互体验。请忽略之前的内容，从头开始规划一份更系统的方案。"

用"忽略之前内容"可以帮助 AI 清空临时记忆，减少干扰。

技巧三：进行阶段性总结，作为对话锚点。

"请总结一下我们目前优化思路的结构框架，按功能优化、用户体验优化、安全性优化三类分别列出。"

这样做可以为后续继续提问提供清晰的上下文支撑，AI 更容易"接得住"。

6. 内容创作与优化：
关键词提问 + 角色扮演式提问 + 信息整合提问

当我们需要 AI 辅助完成深度内容写作时，可以使用关键词提问来聚焦核心信息，使用角色扮演式提问来获取专业视角，使用信息整合提问来统筹素材，这种组合提问方式能够提升回答内容的专业度与完整度。

案例背景

你是一位内容创作者，需要撰写一篇关于人工智能在医疗领域应用的深度文章，并希望文章既专业又引人入胜。

组合提问

关键词提问（聚焦核心内容）→ 角色扮演式提问（获取专业视角）→ 信息整合提问（内容结构化）

提问示例

> ❓ （关键词提问）请列出人工智能在医疗领域应用的 5 个方向，并为每个方向提供一两个具体的应用案例。
>
> ···
>
> 🅰️ （仅展示部分内容）人工智能在医疗领域应用的 5 个方向包括疾病诊断、个性化治疗、药物研发、患者管理和医疗服务优化。例如，在疾病诊断方面，AI 可以通过分析医学影像来辅助医生发现早期癌症迹象；在个性化治疗方面，AI 可以根据患者的基因信息制定更加精准的治疗方案……

? （角色扮演式提问）假设你是一位医疗领域的专家，请从专业的角度阐述为什么人工智能在医疗领域的应用如此重要，并给出对未来发展趋势的预测。

AI （仅展示部分内容）作为医疗领域的专家，我认为人工智能在医疗领域的应用之所以重要，是因为它能够提高诊断的准确性、加速药物研发进程、优化患者管理并提高医疗服务效率。未来，随着技术的不断进步，AI 有望在预防医学、远程医疗和智能医疗设备等方面发挥更大的作用……

? （信息整合提问）（提供内容）请整合上述信息，编写一篇结构清晰、逻辑严密的文章大纲，并简要描述每个部分的内容。

AI （仅展示部分内容）

文章大纲如下。

引言：简述人工智能在医疗领域的应用背景和意义。

第一部分：人工智能在疾病诊断中的应用，包括影像识别和辅助诊断系统。

第二部分：个性化治疗与人工智能，介绍基于基因信息的精准医疗。

第三部分：人工智能在药物研发中的角色，如加速新药发现和临床试验。

第四部分：患者管理与人工智能，如远程监控和智能预警系统。

第五部分：医疗服务优化与人工智能，如智能排班和资源配置。

结论：总结人工智能在医疗领域的应用现状和未来展望。

7. 创新策略设计：
发散提问 + 引导提问 + 关键词提问

当我们希望 AI 帮助我们提出创新方案时，可以先使用发散提问激发思维，然后使用引导提问筛选可行的创意，最后使用关键词提问进一步细化落地方案。这种组合提问方式可以快速让灵感创意从"想法"走向"执行"。

案例背景

你是一家科技公司的产品经理，需要为下一代智能穿戴设备设计一种创新的功能。

组合提问

发散提问（激发创意）→ 引导提问（筛选亮点）→ 关键词提问（细化落地）

提问示例

❓ （发散提问）智能穿戴设备可以有哪些前所未有的创新功能？

....

🅰️ （仅展示部分内容）智能穿戴设备可以集成健康监测、环境感知、紧急求救、运动辅助等多种功能。例如，集成生物识别技术实现无感支付，或者利用 AR 技术提供实时导航和翻译服务。

? （引导提问）在这些创新功能中，哪一种最有可能成为产品的差异化卖点，并吸引目标用户群体？

A （仅展示部分内容）集成 AR 技术的实时导航和翻译服务可能是一个独特的卖点，因为它不仅满足了日常健康监测和运动辅助的需求，还提供了前所未有的便捷体验，特别适合经常出国旅行或学习新语言的年轻用户。

? （关键词提问）围绕"AR 导航翻译智能穿戴设备"，请详细列出可能的功能模块、技术要求和用户体验优化点。

A （仅展示部分内容）功能模块包括 AR 显示屏、高精度 GPS 模块、多语言翻译引擎、生物传感器等；技术要求包括低功耗处理芯片、高效散热系统、精准的环境光感应等；用户体验优化点可以包括一键启动翻译功能、语音交互控制、个性化的导航路线规划等。

8. 复杂项目管理：
指令式提问 + 信息整合提问 + 循环提问

在复杂项目管理中，我们可以使用指令式提问明确任务框架，使用信息整合提问规划阶段安排，再通过循环提问不断完善关键环节。这种组合提问方式有助于构建可执行、可追踪的项目路径。

案例背景

你是一位项目经理，负责一个跨部门的大型软件开发项目，需要确保项目按时、按质完成。

组合提问

指令式提问（制订计划）→ 信息整合提问（阶段统筹）→ 循环提问（持续优化）

提问示例

> ❓（指令式提问）请为我制订一个详细的大型软件开发项目管理计划，包括任务分配、时间表和里程碑。
>
> ----------------------------------
>
> 🅐（仅展示部分内容）以下是一个详细的大型软件开发项目管理计划示例，你可以根据实际情况进行调整和修改。
> **一、项目概述**
> [项目名称]是一个跨部门的大型软件开发项目，旨在开发一套[具体

功能描述]的软件系统，以满足[目标用户群体]在[业务场景]中的需求。项目团队由来自不同部门的成员组成，包括开发人员、测试人员、业务分析师、UI/UX 设计师等。项目预计总时长为 [X] 个月，计划于[开始日期]启动，[结束日期]完成。

二、项目目标

按时交付：确保项目在预定的 [X] 个月内完成，按时交付软件产品。

质量达标：软件系统满足需求规格说明书中的所有功能和性能要求，通过内部测试和用户验收测试，缺陷率低于 [X]%。

成本控制：项目总成本控制在预算范围内，不超过 [X] 元。

用户满意度：用户对软件系统的满意度达到 [X]% 以上，能够有效提升工作效率并满足业务需求。

三、项目组织架构与职责

（一）项目管理团队……

（二）开发团队……

（三）测试团队……

（四）业务分析师团队……

（五）UI/UX 设计团队……

四、项目阶段

项目阶段分为：项目启动阶段、需求分析阶段、系统设计阶段、界面设计阶段、编码开发阶段、测试阶段、部署上线阶段、收尾阶段……

❓（信息整合提问）请按照项目启动阶段、需求分析阶段、系统设计阶段划分出项目任务时间表。

🅰️（仅展示部分内容）

项目阶段划分为

项目启动阶段（第1周）

成立项目团队，明确各成员职责。

召开项目启动会议，介绍项目背景、目标、范围和计划，统一团队成员的思想和行动……

需求分析阶段（第2~4周）

业务分析师与用户进行深入沟通，收集详细业务需求，包括功能需求、性能需求、安全需求……

系统设计阶段（第5~8周）

根据需求规格说明书，进行系统架构设计，确定系统的整体架构和技术选型……

❓（循环提问）在系统设计阶段，架构设计不合理可能会影响设计的质量、进度以及后续的开发和实施。请提供一个规避方案。

Ⓐ 第一轮 AI 回答（部分）

1. 深入需求分析：全面理解业务需求和非功能需求，确保架构设计的基础准确无误。

2. 充分技术调研：评估技术选型的成熟度、稳定性及与团队能力的匹配度，选择合适的技术栈。

3. 组建专业团队：由经验丰富的架构师、技术专家、开发人员和业务分析师组成团队，明确职责分工。

4. 遵循设计原则：采用分层架构、模块化设计、服务化架构等原则，确保架构的可扩展性、性能和安全性。

5. 严格设计评审：通过内部和外部专家评审，发现并优化架构设计中的潜在问题。

6. 持续优化调整：根据反馈和评估结果，持续优化架构设计，确保其适应性与合理性。

❓（循环提问）请进一步细化解决方案，增加风险管理和用户反馈机制。

🅰 第二轮 AI 回答（部分）

以下是增加的部分。

1. 风险识别：在架构设计阶段，识别可能的技术风险、性能风险、安全风险等。

2. 风险评估：对识别的风险进行评估，确定其发生的可能性和影响程度。

3. 风险应对：制定相应的风险应对措施，如技术备份方案、性能优化策略、安全加固措施等。

4. 早期用户测试：在架构设计阶段，邀请部分用户参与早期测试，收集用户对系统架构的反馈。

5. 反馈闭环：建立用户反馈的处理机制，及时将用户反馈纳入架构设计的优化中。

9. 市场调研与竞争分析：
复合型提问 + 对立提问 + 迁移提问

当我们需要深入理解市场格局并制定策略时，可以使用复合型提问把握全貌，使用对立提问检验策略的稳健性，使用迁移提问跨领域借鉴经验。这种组合提问方式能帮助我们快速建立更具适应性的市场方案。

案例背景

你是一家企业的市场分析师，需要进行市场调研和竞争分析，以制定市场进入策略。

组合提问

复合式提问（全面了解）→ 对立提问（竞争应对）→ 迁移提问（借鉴经验）

提问示例

> ❓（复合型提问）请分析智能家居市场的规模、增长率、消费者画像、主要竞争对手及其市场份额，以及潜在的市场机会和挑战。
>
> ⒶⒾ（仅展示部分内容）
> **一、市场规模**
> 据市场研究机构数据，全球智能家居市场规模已达到约 1500 亿美元，

预计到 2028 年将达到 3500 亿美元左右，复合年增长率（CAGR）约为 18%。

在我国，智能家居市场也在迅速扩张，2023 年市场规模约为 5000 亿元人民币，预计到 2028 年将突破 1.5 万亿元人民币，复合年增长率超过 20%。

二、消费者画像

1. 年轻消费者（25~40 岁）

这部分人群是智能家居市场的主要消费群体。他们对新技术接受度高，追求个性化、便捷化的生活方式，愿意为提升生活品质的产品支付较高的价格。

2. 中年消费者（40~60 岁）

随着智能家居产品的功能不断完善和价格逐渐合理化，越来越多的中年消费者也开始关注和使用智能家居产品，尤其是对安全、健康、节能等功能有较高的需求。

三、收入水平

1. 中高收入群体

智能家居产品价格相对较高，因此中高收入群体是主要的消费群体。他们对生活品质有较高要求，愿意为智能家居产品带来的便利和舒适支付额外费用。

2. 中等收入群体

随着智能家居产品的普及和价格下降，部分中等收入群体也开始逐渐接受和购买智能家居产品，尤其是价格较为亲民的智能照明、智能安防等产品。

四、主要竞争对手及市场份额

…………

五、潜在市场机会和挑战

…………

? （对立提问）如果竞争对手 A 公司突然推出相似的产品，我们的市场进入策略应该如何调整？

A （仅展示部分内容）应加速产品开发进程，突出我们的差异化功能（如更长的续航时间、更友好的用户界面），并加强品牌建设和市场推广，提高消费者对我们品牌的认知度和忠诚度。

? （迁移提问）能否借鉴其他行业（如智能手机行业）的成功市场进入策略，优化我们的市场进入方案？

A （仅展示部分内容）可以借鉴智能手机行业的"饥饿营销"策略，通过限量发售、预约抢购等方式提高产品稀缺性和话题性，同时利用社交媒体和 KOL 进行口碑传播，快速提升品牌知名度和市场份额。

通过灵活组合各种提问方式，我们可以充分利用 AI 的强大能力，分析和拆解问题，组合提问策略，更高效地解决各种复杂问题。希望通过这些方法能够帮助你成为 AI 提问的高手，让 AI 真正成为你的效率神器。